中文版

新手
视听轻松学

柏松 主编

Dreamweaver 网页设计

上海科学普及出版社

图书在版编目（CIP）数据

中文版 Dreamweaver 网页设计 / 柏 松 主编.—上海：
上海科学普及出版社，2009.3

ISBN 978-7-5427-1813-6

I. 中⋯ II. 柏⋯ III. 主页制作—图形软件，Dreamwe-
aver IV. TP393.092

中国版本图书馆 CIP 数据核字（2009）第 005247 号

策　划　胡名正
责任编辑　徐丽萍

中文版 Dreamweaver 网页设计

柏 松 主编

上海科学普及出版社出版发行

（上海中山北路 832 号　邮政编码 200070）

http://www.pspsh.com

各地新华书店经销　　　　　　北京市蓝迪彩色印务有限公司印刷
开本 787×1092　　　1/16　　　印张 13.5　　　字数 316 000
2009 年 3 月第 1 版　　　　　　2009 年 3 月第 1 次印刷

ISBN 978-7-5427-1813-6　　　　　　　　定价：23.80 元
ISBN 978-7-89992-652-9　　（附赠多媒体教学光盘 1 张）

内 容 提 要

本书是"新手视听轻松学"丛书之一,针对初学者的需求,从零开始、系统全面地讲解中文版 Dreamweaver 8/CS3 网页设计的基础知识与操作。

本书共 13 章,通过理论与实践相结合,全面、详细、由浅入深地讲解 Dreameaver 8 快速入门、Dreameaver 8 的基本操作、制作图像网页、使用表格、使用 CSS 样式、制作文本网页、利用层制作网页、在网页中使用框架、套用模板和库、在网页中使用表单、行为设置和体验 Dreamwever CS3 的魅力等内容。

本丛书明确定位于初、中级读者。书中内容从零起步,初学者只需按照书中的操作步骤、图片说明进行操作,或根据多媒体光盘中的视频与音频进行学习,便可轻松地做到学有所成。本丛书适用于电脑入门人员、在职求职人员、各级退休人员,也可作为各大、中专院校、各高职高专学校、各社会培训学校、单位等机构的学习或辅导教材。

前 言

—— 新手视听轻松学，生活工作都如愿 ——

"新手视听轻松学"丛书采用"左边是操作步骤、右边是图片注解"的双色、双栏排版方式，以简洁、通俗的文字，配上清晰的图片、注解，让读者一目了然、轻松入门、快速掌握。

本系列丛书随书配有视听多媒体光盘，读者可以结合图书，也可以单独观看视频，进行视听式学习。通过 120 段精华视频的学习，读者能够在短时间内掌握各项技能，快速成为电脑操作与应用的高手。

📖 丛书主要内容

"新手视听轻松学"丛书通过最热门的电脑软件，以各软件最常用的版本为工具，讲解软件最核心的知识点，让读者掌握最实用的内容。

本系列丛书主要包括：

《电脑操作入门》 《电脑办公应用》
《中文版 Word 办公应用》 《中文版 Excel 表格制作》
《中文版 Office 办公应用》 《中文版 Windows 操作应用》
《中文版 Dreamweaver 网页设计》 《中文版 AutoCAD 辅助绘图》

📖 丛书主要特色

"新手视听轻松学"丛书，具有以下四大特色：

（1）从零起步，由浅入深地轻松学习电脑操作——新手速成，快速掌握核心技术与精髓

丛书内容完全从零起步，新手在没有任何基础的情况下，根据由浅入深的理论、循序渐进的实例，不仅可以逐步精通软件的核心技术与精髓内容，还可以通过实例效果的制作，融会贯通、举一反三，制作出成百上千的效果，将学到的知识迅速地运用到日常的生活和工作中。

（2）时尚新颖的 MP3/MP4/手机学习模式——像听歌、学英语一样轻松掌握电脑技能

丛书附赠的多媒体光盘，不仅可以让读者跟随演示轻松学习，还特意将解说音频和演示视频文件单独提供，读者可以将音频文件复制到 MP3、MP4 或手机中，像听歌、学英语一样，享受随身视听的乐趣，随时随地进行学习，轻松掌握电脑技能。

（3）双色印刷让操作重点与技巧一目了然——全程图解让内容通俗易通、跃然纸上

丛书以黑白印刷为主，而图片注释、操作序号、图片标号、注意事项、知识加油站等体例，则以彩色显示。这种双色印刷方式，让读者对操作的重点和技巧一目了然。书中内容均以全程图解的方式诠释，让内容变得通俗易懂、跃然纸上。

（4）体例新颖，独创五学一体课堂式教学——超值拥有书+120 段视频+120 段音频

本书体例新颖，独创"学时安排+学有所成+学习视频+学中练兵+学后练手"的五学一

体课堂方式，站在读者的立场充分考虑和设计，为读者打造全新的学习氛围。购买本书者将物超所值，不仅拥有本书，还拥有附赠的 120 段视频和 120 段音频。

📖 丛书光盘特色

本书的配套光盘是一套精心开发的专业级多媒体教学光盘，具有以下四点特色：

（1）界面美观、操作简便：光盘播放界面制作精美、项目链接简单，让您操作方便快捷。

（2）视频音频、超值拥有：光盘中含有 120 段视频与 120 段音频，让读者超值拥有。

（3）MP3 格式、随处可听：光盘中的音频为 MP3 格式，可复制到 MP3、MP4、手机中随时边听边学。

（4）专家讲解、私人课堂：享受专家级的讲解、私人课堂式的视频教学，让您快速成为电脑操作与应用的高手。

📖 丛书读者对象

如果您是一名电脑初学者，那么本套丛书正是您所需要的。本丛书明确定位于初、中级读者。书中每个操作皆是从零起步。初学者只需按照书中操作步骤、图片说明，或根据随书附赠的多媒体视频，便可轻松掌握软件技术。本丛书适用于电脑入门人员、在职求职人员、各级退休人员，也可作为各大、中专院校、各高职高专学校、各社会培训学校、单位机构等的学习与辅导教材。

📖 本书主要内容

本书共 13 章，通过理论与实践相结合，全面、详细、由浅入深地讲解了 Dreameaver 8 快速入门、Dreameaver 8 的基本操作、制作图像网页、使用表格、使用 CSS 样式、制作文本网页、利用层制作网页、在网页中使用框架、套用模板和库、在网页中使用表单、行为设置和体验 Dreamwever CS3 的魅力等内容。

📖 丛书作者队伍

本书由湖南专业 IT 图书作家兼教育专家柏松先生策划、主编，参与具体编写的老师分别来自湖南大学、湖南师范大学、新华教育、思远教育、湖南生物机电、湖南艺术职业学院、长沙大学、湖南第一师范、湖南科技职业学院等院校，在此对他们的辛勤劳动表示诚挚的谢意。

📖 丛书服务邮箱

由于编写时间仓促和水平有限，书/盘中难免有疏漏与不妥之处，欢迎各位读者来信咨询指正，联系网址：http://www.china-ebooks.com。我们将认真听取您的宝贵意见，奉献更多的精品图书。

书中所提及与采用的公司及个人名称、优秀作品创意、图片和商标等，均为所属公司或者个人所有。本书引用仅为说明（教学）之用，绝无侵权之意，特此声明。

编　者

2008 年 12 月

目　录

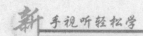

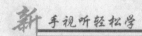

第 1 章

Dreamweaver 8 快速入门

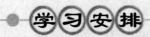

学习安排

本章学习时间安排建议:

总体时间为 3 课时,其中分配 2 课时对照书本学习 Dreamweaver 8 的基础知识和各项操作,分配 1 课时观看多媒体教程并自行上机进行操作。

学有所成

学完本章,您应能掌握以下技能:

◇ 安装 Dreamweaver 8
◇ 启动与退出 Dreamweaver 8
◇ 了解 Dreamweaver 8 工作界面的组成
◇ 熟悉网页制作基础知识

Dreamweaver 8 由 Macromedia 公司推出，是最优秀的网页设计软件之一，其功能强大、使用方便、上手迅速。本章将带领读者对 Dreamweaver 8 进行一个初步的了解。通过本章的介绍，大家应能掌握 Dreamweaver 8 的基本操作。

1.1 网页制作基础知识

在开始使用 Dreamweaver 8 进行网页设计之前，大家应先了解网页制作的基础知识、掌握网页制作的基本流程，这对下一步的学习非常必要，也能为后面学习网页制作打下良好基础。

1.1.1 网页分类

互联网上很多网页都是基于 HTML（超文本标记语言）语言规范的。当用户创建一个新网页时，默认情况下它会以 htm 或 html 为后缀名保存，这就是标准的 HTML 文档，也称为静态网页。

虽然大多数网页文档都是按照 HTML 规范编写的，但是随着 Web 应用规范的不断扩展，涌现出了大量的新兴网页技术。这些网页技术根植于 HTML 规范，却比 HTML 更加先进，功能更加强大。

网页按照实现交互功能的不同，可分为静态网页和动态网页两类。这里的"静态"和"动态"与视觉呈现效果上的概念不同，并不是简单地把含有大量动画和动态效果的网页称为动态网页，把没有动画的纯文本和静态图像的网页称为静态网页。下面我们将分别介绍静态网页和动态网页的概念。

1. 动态网页

动态网页在许多方面都与静态网页是一致的，它们都是无格式的 ASCⅡ码文件、都包含 HTML 代码、都可以包含用脚本语言（如 JavaScript 或 VBScript）编写的程序代码。根据所采用的 Web 应用技术的不同，动态网页文件的扩展名也不同，常见的动态网页多是以 asp、aspx、php 为文件扩展名。

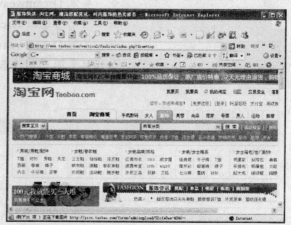

所谓的动态网页是指以数据库技术为基础且具有交互功能的网页。例如，常见的论坛、博客和网上商店就属于动态网页，且动态网页都是以 asp、aspx、php 等为后缀名的网页。

2. 静态网页

静态网页是标准的 HTML 文件，它是采用 HTML（超文本标记语言）编写的。因此，静态网页多以 htm 或 html 为扩展名的文件进行保存。

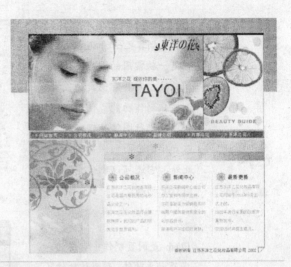

静态网页也称为普通网页，是相对动态网页而言的，静态网页并不是指网页中的元素都是静止不动的，而是指浏览器端与服务器端不发生交互的网页。以 html、htm 等为后缀名的网页都是静态网页。

注意啦

1.1.2　网页设计基本方法

一般网页设计的步骤包括：整体策划、收集素材、制作页面文档、修改完善。

在制作网页前首先要进行整体的策划，确定网站的整体定位，包括网站的整体风格、色调、布局方式、频道划分以及栏目组成等；然后收集制作该网页时要用到的文字资料、图片素材以及用于增添页面效果的动画等；接下来根据策划方案结合事先准备的素材制作出首页及各个子页面的完整效果图；最后对制作出来的网页文档与设计方案进行比对，对不符合设计要求或尚未达到预期效果的部分进行修正、改进，直至达到设计目标。

1.1.3　常用网页设计工具

要想制作出丰富有趣的网页，除了使用 Dreamweaver 外，通常还需要使用其他图形处理软件和动画制作软件来共同完成网页设计的开发工作。通常所说的"网页三剑客"，即是指 Dreamweaver、Fireworks 和 Flash，其中 Dreamweaver 是网页布局软件，Fireworks 是图形处理软件，Flash 是动画制作软件。从事网页设计的工作者必须掌握制作网页时常用到的这几个网页设计工具。

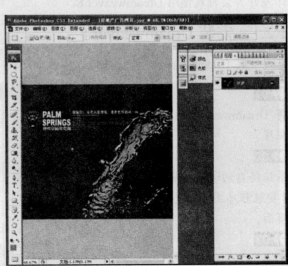

网页图形处理软件很多，但经常用到的是 Photoshop，它是一款功能强大的图形处理软件，是平面设计、网页美工设计的常用软件，很多的网页设计师都在使用它。

注意啦

网页三剑客之一的 Fireworks 也是一款常用的图形图像处理软件，它具有便捷的图片和按钮制作功能，使用它不但可以进行图像处理，还可以直接输出图形网页文档，此外，它还可以制作出逐帧的 GIF 动画。

注意啦

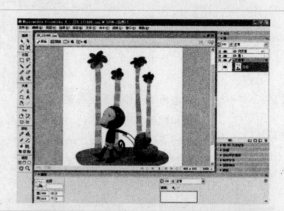

Flash 是网页制作中常用的网页动画软件，利用该软件能够制作出具有交互功能的矢量平面动画，并且生成的播放文件很小，有利于在网上发布。利用 Flash 强大的交互功能，能方便地与其他网页建立链接关系。

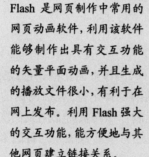
注意啦

1.2　走进 Dreamweaver 8

Dreamweaver 8 保留了以前版本的各种优点，同时增加了很多新的特性和功能。Dreamweaver 8 新增了缩放工具和辅助线，添加了新的 CSS 样式面板和"编码"工具栏，实现了 CSS 布局及 XML 数据绑定的可视化，提供后台文件传输功能、代码折叠功能及"Flash 视频"命令，这些功能更加突现出 Dreamweaver 8 功能灵活强大的特点，相信更多的网页制作爱好者会喜欢使用 Dreamweaver 8。

1.2.1　安装 Dreamweaver 8

安装 Dreamweaver 8 的具体操作步骤如下：

▶▶01
将 Dreamweaver 8 安装光盘放入计算机的光驱里。

▶▶02
系统将自动运行安装程序，双击 Dreamweaver 8 安装程序图标，进入 Dreamweaver 8 的欢迎页面。

▶▶03
单击"下一步"按钮。

04

进入"许可证协议"页面，选中"我接受该许可证协议中的条款"单选按钮。

05

单击"下一步"按钮。

在右图中，如果用户不选中"我接受该许可协议中的条款"单选按钮，将不能进行下一步操作。

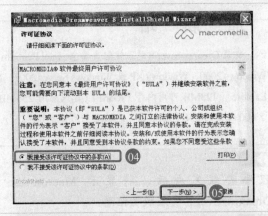

06

进入"目标文件夹和快捷方式"页面，用户可选择软件安装位置和创建快捷方式。

07

选择好安装位置后，单击"下一步"按钮。

默认的安装位置为 C:\Program Files\Macromedia\Dreamweaver 8\，单击"更改"按钮，可选择其他安装位置。

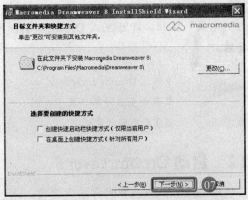

08

进入"默认编辑器"页面，用户可以根据需要选择文件类型。

如果用户不需要安装某个文件类型，只需取消该文件类型前复选框的选择即可，默认情况下所有复选框都被选中。

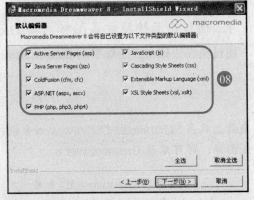

09

单击"下一步"按钮，进入"已做好安装程序的准备"页面，向导准备开始安装。

10

单击"安装"按钮，显示安装状态。

系统在安装时需要等待几分钟，这时如果单击"取消"按钮，则会退出安装程序。

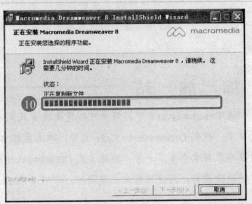

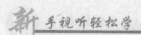
加 油 站

　　安装 Dreamweaver 8 的系统配置要求：Intel Pentium III 处理器或等效处理器，600MHz 或更快；Windows 98、Windows 2000、Windows XP 或 Windows Server 2003；Netscape Navigator 4.0 版或更高版本，Microsoft Internet Explorer；128MB 可用内存（RAM）（建议采用 256MB 内存）；275MB 可用磁盘空间；分辨率可达 800 像素×600 像素的 256 色显示器（建议颜色为百万颜色，分辨率达到 1024 像素×768 像素）；CD-ROM 驱动器。

▶▶ 11

程序安装完成后，将显示 Macromedia Dreamweaver 8 安装成功信息。

▶▶ 12

单击"完成"按钮，即可完成 Dreamweaver 8 的安装。

注意啦

安装完 Dreamweaver 8 后，如果显示重启计算机提示，则应重新启动计算机。

1.2.2　启动 Dreamweaver 8

　　启动 Dreamweaver 8 的方法主要有：通过"开始"菜单和桌面快捷方式图标等，下面将具体介绍启动 Dreamweaver 8 的方法。

1. 通过桌面快捷方式图标启动 Dreamweaver 8

　　通过桌面快捷方式图标启动 Dreamweaver 8 的具体操作方法如下：

在桌面上双击 Macromedia Dreamweaver 8 快捷方式图标，即可启动 Dreamweaver 8。

注意啦

安装 Dreamweaver 8 时，如果没有选择在桌面创建快捷方式，则需要手动设置桌面快捷方式。

加 油 站

　　在 Dreamweaver 8 中，用户可创建快捷方式来启动该应用程序，其方法为：打开安装 Dreamweaver 8 的目录，找到 Dreamweaver 8.exe 文件，单击鼠标右键，弹出快捷菜单，选择"创建快捷方式"选项，此时在安装目录中多了一个"快捷方式 Dreamweaver 8"文件，将此文件拖至桌面上，此时在桌面将显示创建的快捷图标，用户只需双击该图标，即可启动 Dreamweaver 8。

2. 通过"开始"菜单启动 Dreamweaver 8

与 Windows 的其他应用程序一样，用户也可以使用"开始"菜单栏来启动 Dreamweaver 8，具体操作步骤如下：

01

单击"开始"按钮，弹出"开始"菜单。

02

单击"所有程序"|Macromedia|Macromedia Dreamweaver 8 命令，即可启动 Dreamweaver 8。

将电脑桌面上的 Macromedia Dreamweaver 8 快捷方式图标拖至快速启动栏中，用户只需在快速启动栏中单击该快捷方式图标，即可启动 Dreamweaver 8。

加-油-站

用户最近使用过的程序图标，会在"开始"菜单中显示出来，所以再次启动 Dreamweaver 8 时，可以直接在"开始"菜单中单击 Macromedia Dreamweaver 8 快捷方式图标。

1.2.3　退出 Dreamweaver 8

退出 Dreamweaver 8 的常用方法主要有两种，下面分别进行介绍。

1. 通过"关闭"按钮退出 Dreamweaver 8

通过"关闭"按钮退出 Dreamweaver 8 的具体方法如下：

单击"标题栏"右侧的"关闭"按钮，即可退出 Dreamweaver 8。

在"标题栏"右侧单击"最小化"按钮，可将窗口缩小为任务栏上的按钮；单击"还原"按钮，可向下还原窗口。

2. 通过"文件"菜单退出 Dreamweaver 8

通过"文件"菜单退出 Dreamweaver 8 的具体操作方法如下：

单击"文件"｜"退出"命令，即可退出
Dreamweaver 8。

注意啦

除了单击"文件"｜"退出"
命令可退出程序外，按【Ctrl
＋Q】组合键也可以快速退
出 Dreamweaver 8。

加　油　站

在退出 Dreamweaver 8 前，如有未保存的文档，在标题栏中将显示保存标示符（＊）。

1.3　Dreamweaver 8 界面介绍

Dreamweaver 8 的工作界面主要由标题栏、菜单栏、"插入"面板、"文档"工具栏、状态栏和"属性"面板组成，下面将对 Dreamweaver 8 工作界面进行介绍。

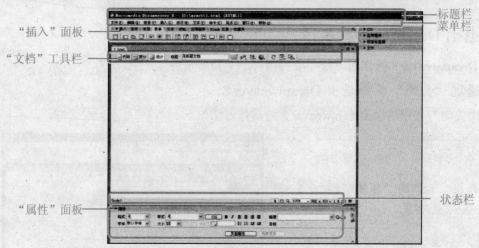

1.3.1　标题栏

与一般的应用程序一样，Dreamweaver 8 的标题栏位于工作界面的顶端，标题栏的左方显示了当前使用软件的图标和名称、文件存储位置及文件名，标题栏的右侧是用来控制窗口的 3 个按钮，分别是"最小化"按钮、"向下还原"按钮或"最大化"按钮和"关闭"按钮。

1.3.2　菜单栏

在 Dreamweaver 8 中，菜单栏由"文件"、"编辑"、"查看"、"插入"、"修改"、"文本"、"命令"、"站点"、"窗口"和"帮助"10 个菜单组成。打开任意一个菜单，单击其中的菜单命令，均可执行相应的操作。

文件(F)　编辑(E)　查看(V)　插入(I)　修改(M)　文本(T)　命令(C)　站点(S)　窗口(W)　帮助(H)

在 Dreamweaver 8 中，各菜单的主要功能如下：

➢ "文件"菜单：用来管理文件，如新建、打开、保存文件等。

➢ "编辑"菜单：用来编辑文本，如剪切、复制、查找、替换及参数设置等。

➢ "查看"菜单：用来切换文档之间的各种视图，并且可以显示或隐藏不同类型页面元素的工具栏。

➢ "插入"菜单：用来插入各种对象，如图片、多媒体组件、表格、框架及超级链接等。

➢ "修改"菜单：用来更改选定页面元素或项的属性，使用此菜单，可以编辑标签属性，更改表格和表格元素，并且可以对库和模板执行不同的操作。

➢ "文本"菜单：用来对文本进行操作，如设置文本格式及检查拼写等。

➢ "命令"菜单：提供对各种命令的访问，收集了所有的附加命令项。

➢ "站点"菜单：提供用于管理站点和上传、下载文件的菜单命令。

➢ "窗口"菜单：提供对 Dreamweaver 8 中所有面板、检查器和窗口的访问。

➢ "帮助"菜单：提供对 Dreamweaver 8 帮助文档的访问，包括关于使用 Dreamweaver 以及创建 Dreamweaver 扩展功能的帮助系统，还包括语言参考材料。

1.3.3　"插入"面板

"插入"面板位于工作区菜单栏下，它是 Dreamweaver 8 操作界面中使用频率最高的部分，它由"常用"、"布局"、"表单"、"文本"、HTML、"应用程序"、"Flash 元素"和"收藏夹"8 个类别组成。

▼插入　常用　布局　表单　文本　HTML　应用程序　Flash 元素　收藏夹

在"插入"面板中，各选项卡的含义如下：

➢ "常用"选项卡：用于创建和插入常用对象，如图像和表格等。

➢ "布局"选项卡：用于插入表格、Div 标签、层和框架，并且使用户能够在"标准"视图和"布局"视图之间进行切换，当用户选择"布局"视图时，可以使用"绘制布局单元格"和"绘制布局表格"布局工具。

➢ "表单"选项卡：用于创建表单和插入表单元素。

➢ "文本"选项卡：用于插入各种文本格式设置标签和列表格式设置标签。

➢ HTML 选项卡：用于插入水平线、文件头、框架和脚本的 HTML 标签。

➢ "应用程序"选项卡：用于插入动态元素，如记录集、重复的区域，以及插入记录和更新表单。

➢ "Flash 元素"选项卡：用于插入 Flash 元素。

➢ "收藏夹"选项卡：用于最常用的工具栏对象自定义为一个独立的工具栏。

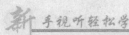
1.3.4 工具栏

工具栏位于插入面板下方，常用的工具栏包括"文档"工具栏和"标准"工具栏。用户通过"标准"工具栏，可以进行文本的复制、粘贴和剪切等操作；通过"文档"工具栏，可以自由地选择编辑视图。下面将详细介绍"文档"工具栏中各按钮的功能。

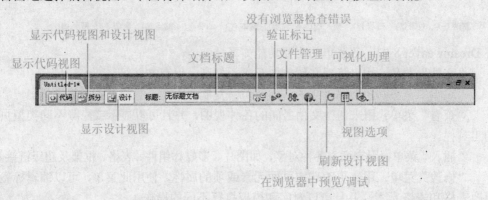

"文档"工具栏中主要选项的含义如下：

> "显示代码视图"按钮：单击该按钮，切换至显示代码视图中。

> "显示代码视图和设计视图"按钮：单击该按钮，将切换至显示代码视图和设计视图中。

> "文档标题"文本框按钮：单击该按钮，切换至"显示设计视图"中。

> "标题文本框"：用于显示文档的标题，用户能够通过"文档标题"文本框对文档的标题进行修改，文档的标题将显示在浏览器的标题栏中。

> "没有浏览器检查错误"按钮：单击该按钮，在弹出的菜单中选择需要的选项，可以检查跨浏览器兼容性。

> "验证标记"按钮：单击该按钮，在弹出的菜单中选择需要的选项，可以验证当前的文档或选定的标签。

> "文件管理"按钮：单击该按钮，在弹出的列表框中选择需要的选项，可以对文件进行管理。

> "在浏览器中预览/调试"按钮：Dreamweaver 8 允许用户在浏览器中预览和调试文档，单击该按钮，在弹出的菜单中选择"编辑浏览器列表"选项，弹出"首选参数"对话框，在该对话框中，可以向菜单中添加浏览器或者更改列出的浏览器。

> "刷新设计视图"按钮：用户在文档窗口中的代码视图中进行修改后，单击该按钮，将刷新文档的设计视图以显示更新的内容。

> "视图选项"按钮：单击该按钮，在弹出的菜单中选择需要的选项，可以对代码视图和设计视图进行编辑。

> "可视化助理"按钮：单击该按钮，在弹出的菜单中选择需要的选项，可以选择使用不同的可视化助理来设计页面。

1.3.5 状态栏

状态栏位于文档窗口的底部，用于显示当前被编辑文档的相关信息，如下图所示。

标签选择器
窗口大小
文档大小及估计下载时间

状态栏中各主要选项的含义如下：

➢　标签选择器：显示环绕当前选定内容的标签层次结构，用户可以通过单击该层次结构中的标签来选择标签及全部内容。

➢　窗口大小：显示当前文档窗口的当前尺寸（以像素为单位）。

➢　文档大小及估计下载时间：显示当前编辑文档的大小和该文档在 Internet 上被完全下载所需的时间；针对不同的下载速率，下载时间当然也不相同。

1.3.6　"属性"面板

"属性"面板用于查看和更改所选对象或文本的各种属性。每种对象都具有各自的属性，根据选中对象的不同，"属性"面板上的内容也不同，下图所示为表格的"属性"面板。

1.4　学中练兵——自定义收藏夹

将最常用的按钮集中添加到收藏夹，同时对隐藏在按钮组中的按钮，也可以独立出来放入收藏夹中，使用时就不需要在各插入选项卡间来回切换了，这样使用起来比较方便快捷，从而可以提高工作效率。本实例介绍自定义收藏夹的方法，具体操作步骤如下：

01

单击"插入"|"自定义收藏夹"命令。

注意啦

在"插入"面板和"文档"工具栏间的空白位置单击鼠标右键，弹出快捷菜单，选择"自定义收藏夹"选项，也会弹出"自定义收藏夹对象"对话框。

02

弹出"自定义收藏夹对象"对话框，在"可用对象"下拉列表框中选择"表格"选项。

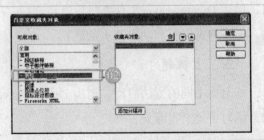

03

单击"添加"按钮，即可将"表格"选项添加至右侧"收藏夹对象"列表中。

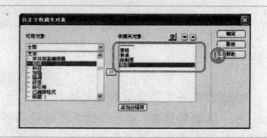

 04

用与上述相同的方法，分别添加"表单"、
"绘制层"、"粗体"选项至"收藏夹对象"
列表中。

加 - 油 - 站

在"可用对象"下拉列表框中，双击相应的对象可直接将该对象添加至收藏夹中；在"收藏夹对象"
列表框，双击任意对象，则可直接将该对象从列表中删除。

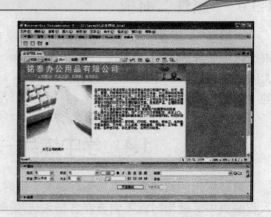

05

单击"确定"按钮，即可完成自定义收藏夹的
操作。

注意啦

如果没有打开或新建文档，
"插入"面板中所有选项卡
都将不可用，用户可以先新
建一个文档，然后进行设置。

1.5　学后练手

本章讲解了网页制作的基础知识和 Dreamweaver 8 的基础知识，主要包括安装、启动和
退出 Dreamweaver 8 的方法，介绍 Dreamweaver 8 的工作界面等。本章学后练手是为了更好
地掌握和巩固 Dreamweaver 8 的基础知识与操作，请大家根据本章所学内容认真完成。

一、填空题

1．Dreamweaver 8 的工作界面主要由标题栏、菜单栏、"插入"面板、状态栏、＿＿＿和＿＿＿组成。

2．网页按照实现交互功能的不同，可分为＿＿＿＿＿和＿＿＿＿＿两类。

3．一般网页设计的步骤包括：＿＿＿＿、收集素材、＿＿＿＿、修改完善。

二、简答题

1．简述 Dreamweaver 8 有哪些新增功能。

2．简述静态网页和动态网页的区别。

三、上机题

1．练习用不同的方法启动、退出 Dreamweaver 8。

2．练习自定义收藏夹。

第 2 章

Dreamweaver 8 的基本操作

学习安排

本章学习时间安排建议:

总体时间为 3 课时,其中分配 2 课时对照书本学习 Dreamweaver 8 的基础知识与各项操作,分配 1 课时观看多媒体教程并自行上机进行操作。

学有所成

学完本章,您应能掌握以下技能:

◇ 创建和管理站点
◇ 添加和删除文件夹
◇ 新建和保存文档
◇ 打开和关闭文档

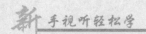

　　站点是 Dreamweaver 中对属于同一网站下的文件进行合理、有效组织的手段，是管理文档的场所，利用站点的管理功能可以更有效地对站点中的文件进行管理和测试。本章将详细介绍站点创建与管理的方法和文档操作等知识。

2.1　创建站点

　　Dreamweaver 8 提供了强大的站点管理工具，通过站点管理器可以实现本地路径设置、地址信息管理、远程服务器信息管理、测试服务器环境配置和模板管理等功能。在学习使用站点对文档进行管理之前，大家首先要学习创建站点，下面将介绍创建站点的方法。

2.1.1　使用向导创建站点

　　使用向导创建站点的具体操作步骤如下：

▶▶01
单击"站点"|"新建站点"命令。

▶▶02
进入"编辑文件"页面单击"基本"选项卡，并定义站点名称。

▶▶03
单击"下一步"按钮。

注意啦

　　站点名称可以是英文，也可以是汉字或是数字；在右图中还可填写站点的 HTTP 地址，用户应根据情况选择填写或不填写。

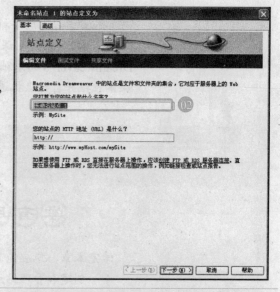

▶▶04
进入"编辑文件，第 2 部分"页面，选中"否，我不想使用服务器技术"单选按钮。

▶▶05
单击"下一步"按钮。

注意啦

　　选中"否，我不想使用服务器技术"单选按钮，说明用户创建的是静态网页；如果用户要创建动态网页，则需要选中"是，我想使用服务器技术"单选按钮。

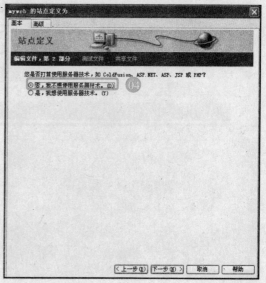

 06

进入"编辑文件，第 3 部分"页面，保持第一个单选按钮为选中状态。

07

单击下方文本框右侧的文件夹图标 ，选择文件存储位置。

在创建新站点时，要先建好存放站点文件的根文件夹；在新创建的站点中，也可以把已含有文件的文件夹指定为站点文件夹。

注意啦

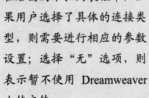

08

单击"下一步"按钮，进入"共享文件"页面。

09

单击"您如何连接到远程服务器？"下拉列表框右侧的下拉按钮 ，在弹出的下拉列表中选择"无"选项。

在右图的下拉列表框中，如果用户选择了具体的连接类型，则需要进行相应的参数设置；选择"无"选项，则表示暂不使用 Dreamweaver 上传文件。

注意啦

10

单击"下一步"按钮，进入"总结"页面，显示站点的相关信息。

在"总结"页面中，显示的相关信息是对前面创建站点时各项参数设置的摘要，如果用户发现有关信息设置错误，可单击"上一步"按钮，返回相应页面进行修改。

注意啦

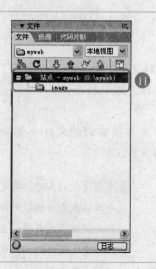

▶▶11

单击"完成"按钮，完成站点的创建，如右图所示。

> 新的站点创建完成后，Dreamweaver 的"文件"面板将自动打开，用户可以在该面板中查看新创建站点的信息及站点内的文件列表。
>
> 注意啦

2.1.2　通过高级面板创建站点

通过高级面板创建站点的具体操作步骤如下：

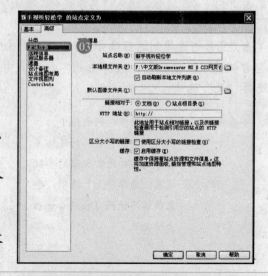

▶▶01

单击"站点"|"新建站点"命令。

▶▶02

进入"编辑文件"页面，单击"高级"选项卡。

▶▶03

在"高级"选项卡的"分类"列表中，选择"本地信息"选项。

▶▶04

在"站点名称"文本框中输入站点名称后，设置本地根文件夹的位置。

▶▶05

在"分类"选项区中选择"远程信息"选项，在"访问"下拉列表框中选择"无"选项。

▶▶06

单击"确定"按钮，即可创建站点。

> 创建站点后，文档中各路径及链接相对地址的设置都会受到影响，因此在编辑站点文档时，应首先将所需素材（如图片、Flash 动画等）复制到站点定义的文件夹中。
>
> 注意啦

2.2　管理站点

利用 Dreamweaver 管理站点资源，用户可以先在本地计算机的磁盘上创建本地站点，从全局上控制站点结构，管理站点的各种文档，以完成对文档的编辑。在完成文档编辑后，用户可以利用 Dreamweaver 8 将本地站点上传到远端 Internet 上的服务器中，创建真正的站点。本节主要介绍的是运用 Dreamweaver 8 对本地站点进行编辑、删除、复制、导入和导出等知识。

2.2.1　编辑站点

编辑站点的具体操作步骤如下：

▶▶ 01

单击"站点"｜"管理站点"命令。

▶▶ 02

弹出"管理站点"对话框。

▶▶ 03

在"管理站点"对话框的列表中，选择需要编辑的站点名称。

▶▶ 04

单击"编辑"按钮。

▶▶ 05

进入"编辑文件"页面。

▶▶ 06

用户可以在该页面中对本地站点进行编辑。

▶▶ 07

编辑完成后，单击"确定"按钮，返回"管理站点"对话框。

▶▶ 08

单击"完成"按钮，即可完成编辑站点操作。

2.2.2　删除站点

如果不再需要某个站点，同样可以将站点从列表中删除，具体操作步骤如下：

▶▶ 01

单击"站点"｜"管理站点"命令。

▶▶ 02

弹出"管理站点"对话框，在左侧的列表中选择需要删除站点的名称。

▶▶ 03

单击"删除"按钮，弹出提示信息框，单击"是"按钮，即可将所选站点删除；返回"管理站点"对话框，单击"关闭"按钮，关闭该对话框。

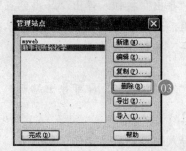

加油站

删除站点操作实际上只是删除了 Dreamweaver 8 同该本地站点之间的关系，实际的本地站点内容，包括文件夹和文档等，都仍然保存在磁盘的相应位置上。用户可以重新创建指向该位置的新站点，重新对该站点进行管理。

2.2.3 复制站点

利用站点的可复制性，可以创建多个结构相同或类似的站点。复制本地站点的具体操作步骤如下：

01

单击"站点"|"管理站点"命令。

02

弹出"管理站点"对话框，在左侧的列表中选择需要复制站点的名称。

03

单击"复制"按钮，复制该站点。

04

单击"完成"按钮，即可完成复制操作。

2.2.4 导出和导入站点

通过 Dreamweaver 8 可以将站点导出为 XML 文件，从而可以在各种操作系统环境和不同软件版本之间移动站点，或者与其他用户共享站点。下面将介绍导出与导入站点的方法。

1．导出站点

导出站点的具体操作步骤如下：

01

单击"站点"|"管理站点"命令。

02

弹出"管理站点"对话框，在左侧的列表中选择需要导出站点的名称。

03

单击"导出"按钮，弹出"导出站点"对话框，选择保存该站点的位置，单击"保存"按钮保存站点。

04

单击"完成"按钮，即可导出站点。

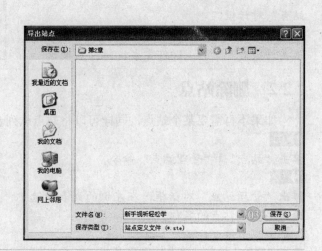

2．导入站点

导入站点的具体操作步骤如下：

01 单击"站点"|"管理站点"命令。

02 弹出"管理站点"对话框，单击"导入"按钮，弹出"导入站点"对话框，选择需要导入的站点。

03 单击"打开"按钮，导入所选站点，弹出提示信息框，单击"确定"按钮，返回"管理站点"对话框。

04 单击"完成"按钮，即可导入站点。

2.2.5　打开站点

打开站点的具体操作步骤如下：

01 单击"窗口"|"文件"命令。

02 打开"文件"面板，单击"文件"下拉列表框右侧的下拉按钮，在弹出的下拉列表中选择要打开的站点，即可打开该站点。

 再次运行 Dreamweaver 8 时，系统会自动打开上次退出 Dreamweaver 8 时正在编辑的站点。

2.3　管理文件夹

创建站点的目的是为了更好地管理网站内的文件，合理地使用文件夹来管理网站内的文件，可以使网站结构清晰、易于维护管理。下面将介绍在站点添加、移动、复制及删除文件夹的操作。

2.3.1　在站点中添加文件夹

在站点中添加文件夹的具体操作步骤如下：

01 单击"窗口"|"文件"命令，打开"文件"面板。

02 选择要创建子文件夹的目标文件夹。

03 单击鼠标右键，弹出快捷菜单，选择"新建文件夹"选项，即可新建一个文件夹。

2.3.2　文件夹的移动和复制

和大多数的文件管理器一样，在"文件"面板中，可以利用剪切、复制和粘贴等操作来实现文件夹的移动和复制。

1.　文件夹的移动

移动文件夹的具体操作步骤如下：

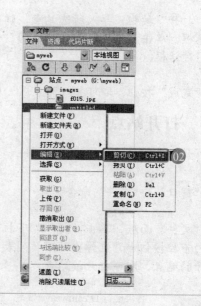

01

单击"窗口"｜"文件"命令，打开"文件"面板。

02

选择要移动的文件夹，单击鼠标右键，弹出快捷菜单，选择"编辑"｜"剪切"选项。

03

选择目标文件夹，单击鼠标右键，弹出快捷菜单，选择"编辑"｜"粘贴"选项，即可移动所选文件夹。

加 油 站

使用鼠标拖动的方法也可以实现文件夹的移动。从"文件"面板中选择要移动的文件夹，按住鼠标左键并将其拖至目标文件夹中，释放鼠标左键即可移动所选文件夹。

2.　文件夹的复制

复制文件夹的具体操作步骤如下：

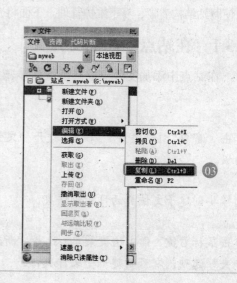

01

单击"窗口"｜"文件"命令，打开"文件"面板。

02

选择需要复制的文件夹，单击鼠标右键。

03

弹出快捷菜单，选择"编辑"｜"复制"选项。

04

将所复制的对象粘贴至目标文件夹中，即可复制该文件夹。

2.3.3　在站点中删除文件夹

在站点中删除文件夹的具体操作步骤如下：

01
单击"窗口" | "文件"命令，打开"文件"面板。

02
选择目标文件夹，单击鼠标右键，弹出快捷菜单，选择"编辑" | "删除"选项，即可删除该文件夹。

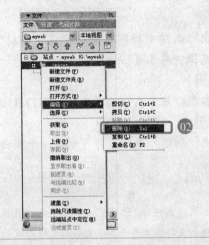

删除文件夹后，该文件夹及其包含的所有文件都将被删除。

加—油—站

与站点的删除操作不同，在站点中对文件夹的删除操作会从磁盘上直接删除相应的文件夹。

2.4　新建文档

站点创建成功后，用户就可以在该站点中创建、编辑网页文档了。本节将介绍 Dreamweaver 文档的基本操作。

2.4.1　文档的类型

Dreamweaver 8 所支持的文件类型除了最基本的 HTML、XSLT 格式外，还包括 ASP、ASPNET、ColdFusion、JSP、PHP 等 Web 应用程序文档。

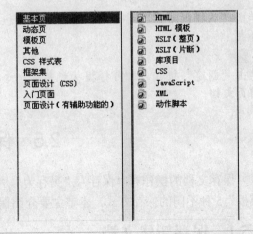

Dreamweaver 8 不仅支持各种网页脚本以及一些与网页相关的文档，还可以方便地创建网页模板和各类框架型网页。

2.4.2　新建空白文档

新建空白文档的具体操作步骤如下：

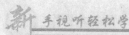
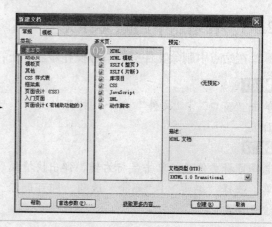

01

单击"文件"|"新建"命令。

02

弹出"新建文档"对话框，在"类别"列表中选择"基本页"选项。

03

在右侧"基本页"列表中选择 HTML 选项。

04

单击"创建"按钮，即可创建一个空白文档。

加—油—站

新建文档后，在 Dreamweaver 8 工作界面的标题栏上，将看到新建文档的名称；如果继续新建，在标题栏上将依次显示各个文档的名称。

2.4.3 从模板中新建文档

Dreamweaver 8 也使用了模板概念，这里的模板指的是网页模板。使用模板批量创建具有相同结构及风格的网页非常便利，并且修改利用模板创建的文档时，可以通过修改模板来实现批量更新。利用模板新建文档的具体操作步骤如下：

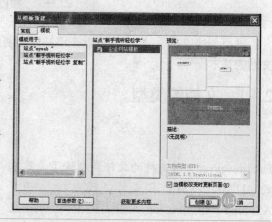

01

单击"文件"|"新建"命令。

02

弹出"新建文档"对话框，单击"模板"选项卡。

03

弹出"从模板新建"对话框，选择一种模板样式。

04

单击"创建"按钮，即可根据模板新建一个网页文档。

2.5 保存文档

保存文档的操作有"保存"、"另存为"、"保存全部"、"保存到远程服务器"和"另存为模板"5 种不同的保存方式，本节主要介绍保存新建文档和文档另存为操作。

2.5.1 保存新建文档

保存文档是最基本也是使用最频繁的操作之一，经常对正在编辑的文档进行保存，可以降低死机、停电等意外情况对工作的影响。保存新建文档的具体操作步骤如下：

01

单击"文件"|"保存"命令。
 02

弹出"另存为"对话框，选择保存路径，输入
文件名。
03

单击"保存"按钮，即可保存当前文档。

只有对当前文档进行首次保
存时，单击"保存"命令，
才会弹出"另存为"对话框。

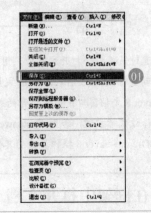

2.5.2　另存为文档

另存为文档的具体操作步骤如下：
01

单击"文件"|"另存为"命令。
02

弹出"另存为"对话框，选择保存路径，输入
文件名。
03

单击"保存"按钮，即可将当前文档进行另存
为操作。

将任意一个已保存的文档保存
为其他文件名或路径时，而后的
修改都将基于另存后的文档。

2.6　打开文档

在 Dreamweaver 8 中，打开文档的操作方法有很多种，下面讲解在 Dreamweaver 8 中打
开文档的常用操作方法。

2.6.1　在文档窗口中打开文档

在文档窗口中打开文档的具体操作步骤如下：
01

单击"文件"|"打开"命令。
02

弹出"打开"对话框，选择需要打开的文件。
03

单击"打开"按钮，即可打开该文档。

在"打开"对话框的"文件类型"
下拉列表框中选择"HTML 文
档"选项，可以缩小选择的范围。

加 · 油 · 站

除了通过菜单命令打开文档外，用户还可以通过拖曳鼠标打开文档。选择任意网页文档，按住鼠标左键并拖动鼠标至 Dreamweaver 8 文档窗口中，释放鼠标左键即可打开该网页。但要注意的是，如果 Dreamweaver 8 文档窗口中已有打开的文档，并且文档窗口处于最大化状态时，不能直接将文档拖至文档窗口中再释放鼠标左键，否则 Dreamweaver 8 会把该操作误认为是其他的编辑操作而非打开文档，但可将其拖至 Dreamweaver 8 操作界面的其他位置，如拖至文档窗口标题栏中打开该文件。

2.6.2　在框架中打开文档

框架型网页由框架集文件和多个嵌入的框架组成，而框架集有一种特殊的文档打开方式，即在框架中打开文档，具体操作步骤如下：

 在框架集的任意一个框架中定位插入点，单击"文件"｜"在框架中打开"命令。

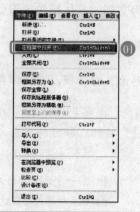

02 弹出"选择 HTML 文件"对话框，选择需要的文件，单击"打开"按钮，即可打开所选的网页文档。

在框架中打开文档时，鼠标指针必须定位在框架集的某一框架中，否则该命令将不可用。

2.7　关闭文档

文档编辑完成后，用户需要关闭文档以释放出内存资源。下面将介绍在 Dreamweaver 8 中关闭文档的操作方法。

2.7.1　关闭单个文档

关闭单个文档的具体操作方法如下：

单击"文件"｜"关闭"命令，即可关闭当前文档。

单击标题栏右侧的"关闭"按钮 ☒，或是按【Ctrl＋W】组合键，都可以关闭当前文档。

加 油 站

　　"选择性粘贴"与"粘贴"这两项虽然都是粘贴命令，但不同之处在于使用"粘贴"命令，将把拷贝到剪贴板中的所有文本、文本段落格式信息都复制到文档中；如果不需要这些文本的格式信息，可以利用"选择性粘贴"命令来实现。

3.1.2　文本基本格式操作

　　插入文本后，通常要为文本设置格式。对文本进行基本格式操作的具体步骤如下：

▶01

选中目标文本。

▶02

在文本"属性"面板中单击"字体"下拉列表框右侧的下拉按钮。

▶03

在弹出的下拉列表中选择"宋体"选项。

▶04

单击"大小"下拉列表框右侧的下拉按钮。

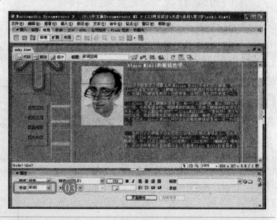

▶05

弹出下拉列表，选择14选项。

▶06

单击"斜体"按钮 I ，设置字体为斜体。

▶07

在"颜色"文本框中输入#FFFFFF，即可完成格式化文本的操作。

加 油 站

　　文本"属性"面板中各主要选项的含义如下：
- 字体：用于为文本设置字体。
- 大小：用于设置文本字体的大小。
- 文本颜色：用于设置字体的颜色。
- 对齐方式：文本的对齐方式指文本对于周围元素的对齐方式，有"左对齐"、"居中对齐"、"右对齐"和"两端对齐"4种方式。
- 粗体和斜体：设置文本以粗体或以斜体样式显示。

3.1.3　插入文本超链接

　　超链接虽然本质上也是网页的元素之一，但又与其他元素不同；超链接更强调一种相互关系，即从一个网页指向另一个目标的链接关系；这个目标可以是另一个网页，也可以是相同页面上的不同位置，还可以是一幅图像、一个电子邮箱地址、一个文件，甚至一个应用程序。在一个网页中用来作超链接信息载体的元素，可以是一段文本，也可以是一幅图像；用鼠标左键单击包含超链接信息的文字或图像后，链接目标将显示在 Web 浏览器中，并且根据目标的类型来打开或运行。下面介绍插入文本超链接的方法。

1．为现有文本设置超链接

　　为现有文本设置超链接的具体操作步骤如下：

▶▶ 01

选中目标文本。

▶▶ 02

在文本"属性"面板中单击"链接"下拉列表框右侧的"浏览文件"按钮□。

▶▶ 03

弹出"选择文件"对话框，选择需要的文件。

▶▶ 04

单击"确定"按钮，返回文档窗口。

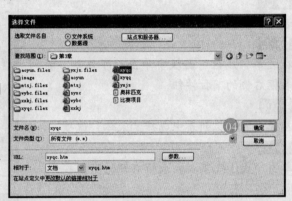

▶▶ 05

在文本"属性"面板中，单击"目标"下拉列表框右侧的下拉按钮。

▶▶ 06

弹出下拉列表，选择_blank选项，即可为现有文本设置超链接。

注意啦

在文本"属性"面板的"链接"下拉列表框中，输入目标 URL 地址，也可为文本设置超链接。

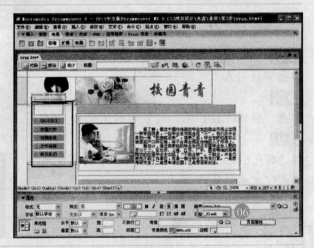

加　油　站

在"目标"下拉列表框中，主要选项含义如下：

● _blank：在新窗口打开。

● _parent：在父框架集中打开页面。

● _self：在当前框架中打开页面。

● _top：在当前浏览器窗口中打开页面。

2. 插入新的超链接文本

用户除了可以为现有文本设置超链接外,还可以在文档窗口目标位置直接插入新的包含超链接信息的文本。插入新的超链接文本的具体操作步骤如下:

01

将插入点定位在文档窗口的目标位置。

02

单击"插入"|"超级链接"命令,弹出"超级链接"对话框。

03

在"文本"文本框中输入文本内容。

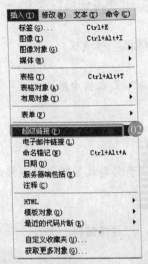

 在"插入"面板上的"常用"选项卡中单击"超级链接"按钮,也会弹出"超级链接"对话框。

04

在"链接"下拉列表框中输入目标 URL 地址。

05

设置目标打开方式。

06

单击"确定"按钮,即可插入新链接文本。

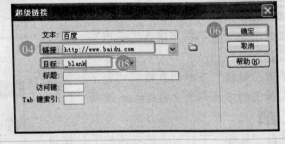

加 - 油 - 站

使用超链接时常常会用 URL 地址来指定被链接目标的具体位置。URL(Uniform Resource Locator)的中文含义是"统一资源定位器",其作用就是定义网络上的一个站点、网页或者文件的完整路径,通过 URL 来告诉 Web 浏览器该如何找到这些站点、网页或者文件的具体位置。URL 的格式为"协议://主机名/路径/文件名",如 http://www.163.com/about/about_conta-at_1.htm 就是一个完整的 URL 地址。使用 URL 地址时并不一定是引用完整的 URL 地址,也可能是其中的一部分,此时的 URL 地址为相对地址,指向本地的任意一个文件。

3. 插入锚点超链接

锚点链接是一种比较特殊的链接类型,它链接的既不是外部站点对象,也不是同一站点的其他页面或文件,而是链接到当前页面的不同位置上。锚点具有类似书签的功能,当查看内容冗长的网页文档时,想重新查看前面的内容,可以单击创建的锚点链接,返回页面的相应位置。

插入锚点超链接的具体操作步骤如下:

01

将插入点定位在文档窗口的目标位置。

02

单击"插入"|"命名锚记"命令。

03

弹出"命名锚记"对话框。

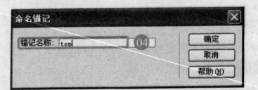

04

在"锚记名称"文本框中输入 top。

05

单击"确定"按钮,插入锚记。

06

将插入点定位于需要放置锚记超链接的位置。

07

单击"插入"|"超级链接"命令。

08

弹出"超级链接"对话框。

09

在"文本"文本框中输入文本内容。

10

单击"链接"下拉列表框右侧的下拉按钮,在弹出的下拉列表中选择#top选项。

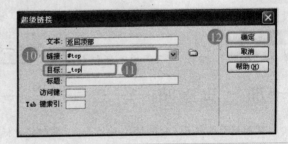

11

单击"目标"下拉列表框右侧的下拉按钮,在弹出的下拉列表中选择_top选项。

12

单击"确定"按钮,即可插入锚点超链接。

加 油 站

在一个页面中可以插入多个命名锚记及锚点链接,用户单击任意一个锚点链接时,页面将直接移动到对应的锚记位置。

3.2 处理段落

所谓处理段落主要是对网页中的一段文本进行设置,其中主要的操作包括编辑段落、进行段落标识等。

3.2.1 定义文本标题

文本标题用于强调文本段落要表现的内容。在 HTML 中定义了 6 级标题,从 1 级到 6

级，每级标题的字体大小依次递减。在文本中插入标题标记，不仅能够定义标题的级别，而且可以起到定义文档段落的作用。

定义文本标题的具体操作步骤如下：

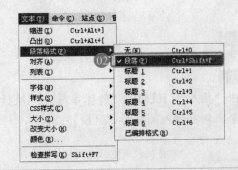

 01

选中目标文本。

▶▶ 02

单击"文本"|"段落格式"|"标题 1"命令，即可定义文本标题。

3.2.2　编辑段落

段落指的是一段格式上统一的文本。编辑段落的操作有设置文本段落格式、设置段落对齐方式、缩进段落等操作，下面将具体介绍这些操作。

1. 设置段落格式

设置段落格式的具体操作步骤如下：

▶▶ 01

选择目标文本。

▶▶ 02

单击"文本"|"段落格式"|"段落"命令，即可完成设置段落格式的操作。

> 在文档窗口中每输入一段文字，按一下【Enter】键后，就会自动生成一个段落。

注意啦

2. 对齐段落

对齐段落的具体操作步骤如下：

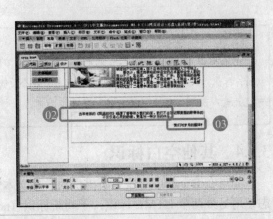

▶▶ 01

选择目标文本。

▶▶ 02

单击"文本"|"对齐"|"居中对齐"命令。

▶▶ 03

选择另一段文本，单击"文本"|"对齐"|"右对齐"命令。两种段落对齐效果如右图所示。

3. 缩进段落

　　强调一段文字或引用其他来源的文字可以将该文字缩进，以表示其与普通段落的区别。所谓缩进，主要是相对于文档窗口或浏览器窗口左端而言。

　　缩进段落的具体操作步骤如下：

选择目标文本。

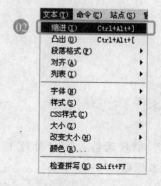

单击"文本"|"缩进"命令，即可完成缩进段落操作。

选择目标文本后，在文本"属性"面板上单击"文本缩进"按钮，也可缩进段落。

3.2.3　标识

　　插入间隔标识〈br〉的具体操作步骤如下：

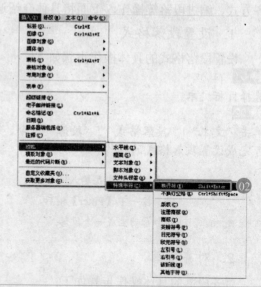

将插入点定位在文档窗口的目标位置。

单击"插入"|HTML|"特殊字符"|"换行符"命令，即可插入间隔标识〈br〉。

将插入点定位在目标位置后，按【Shift + Enter】组合键，也可以插入间隔标识〈br〉。

加 油 站

　　间隔标识〈br〉是一个不可见元素，默认状态下用户无法在文档窗口中查看。如果希望查看文档中的〈br〉标识，只需单击"编辑"|"首选参数"命令，弹出"首选参数"对话框，在"分类"列表中选择"不可见元素"选项，选中"换行符"复选框即可。

3.2.4　其他空白标识

　　如果在 Dreamweaver 8 所提供的常规文本选项中，用户得不到所需要的对齐效果，可考虑使用另外两个 HTML 标识：不间断标识〈nobr〉和字分隔符标识〈wbr〉。

当用户希望网页浏览者的浏览器能够自动处理自动换行这些繁杂的事情以及需要确保一个特定的文本串作为一个整体被提交时，可以使用不间断标识〈nobr〉。任何来自起始和结束标识（〈nobr〉……〈nobr〉）之间的文本，都将显示为一个连续的行。如果文本的行比当前浏览器的窗口宽，那么水平滚动条就会自动地出现在浏览器的底部。

字分隔符标识〈wbr〉与字处理程序中的软连字符相似，如果需要，〈wbr〉标识会告诉浏览器在何处分割字词。与不间断标识〈nobr〉相似，字分隔符标识〈wbr〉只得到 Netscape 和 IE 浏览器的支持，而且不论是在 HTML 检查器还是在外部的编辑器中，都必须手工进行输入。

虽然〈nobr〉和〈wbr〉不是常用的标识，而且还需手工输入到 HTML 代码中，但是这些标识是创建某些环境的基础。

3.3　设置文字

在文档窗口中输入的文字都是系统默认的，但用户可以对网页中的文本格式进行编辑和设置。下面将介绍设置文字的方法。

3.3.1　设置字体

为字符设置字体的具体操作步骤如下：

▶▶ 01
选中目标文本。

▶▶ 02
单击"文本"|"字体"|"编辑字体列表"命令。

▶▶ 03
弹出"编辑字体列表"对话框。

▶▶ 04
在"可用字体"列表框中选择"黑体"选项。

▶▶ 05
单击"添加"按钮 <<，将所选字体添加至字体列表中。

▶▶ 06
单击"确定"按钮退出。

▶▶ 07
单击"文本"|"字体"|"黑体"命令，即可将所选文本设置为黑体。

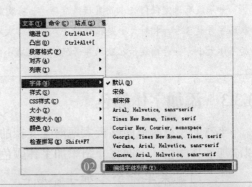

加 油 站

在网页中尽量不要使用特殊字体，因为对于网页浏览者来说，其计算机中不一定会安装这类特殊的字体，此时浏览到具有这类特殊字体格式的字符，也只能以普通的默认字体来显示。对于中文网页应该尽量对汉字使用宋体或黑体，因为大多数计算机中，系统默认都安装有这两种字体。

3.3.2　设置字号

字号是指字体的大小，设置字号的具体操作步骤如下：

01

选中目标文本。

02

在文本"属性"面板中单击"大小"下拉列表框右侧的下拉按钮。

03

在弹出的下拉列表中选择 18 选项，即可调整字号大小。

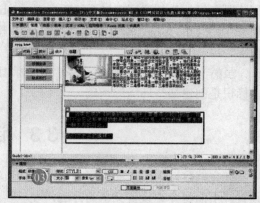

在文本"属性"面板中的"大小"下拉列表框中，输入相应数值，也可改变文本字体大小。

加　油　站

　　如果没有选定任何文本而直接改变字号，将改变以后输入文字的字号。字体大小的顺序与序号顺序一致，默认字号是 3 号。相对大小是指相对于默认字体大小的增减量，数字前面的 + 号表示在默认字号的基础上增加字体大小，− 号则表示在默认字号的基础上减小字体大小。

3.3.3　添加字体颜色

　　丰富的字符颜色能够极大地增强文档的表现力。通过菜单命令及在"属性"面板中都可以添加字体颜色，下面将介绍添加字体颜色的方法。

1.　通过菜单命令添加字体颜色

通过菜单命令添加字体颜色的具体操作步骤如下：

01

选中目标文本。

02

单击"文本"|"颜色"命令。

03

弹出"颜色"对话框，设置"基本颜色"为黑色。

04

单击"确定"按钮，即可完成添加字体颜色的操作。

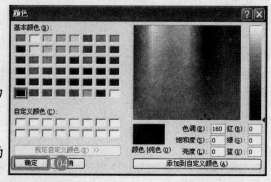

2.　通过"属性"面板设置字体颜色

通过"属性"面板设置字体颜色的具体操作步骤如下：

01

选中目标文本。

02

在文本"属性"面板上单击"文本颜色"
按钮 。

03

弹出调色板，单击其右上角的三角按钮。

04

在弹出的菜单中选择"调整到网页安全色"
选项。

05

设置文本颜色为相应颜色，即可完成设
置字体颜色的操作。

选中目标文本后，在文本"属
性"面板的"文本颜色"文
本框中输入相应的颜色参考
值，也可更改字体颜色。

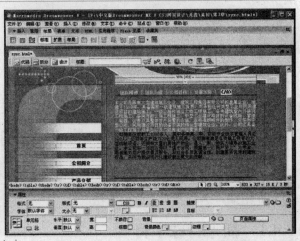

3.3.4　设定字体样式

　　字体样式是指字符的外观显示方式，例如字符的加粗、倾斜和添加下划线等。利用
Dreamweaver 8 用户可以设置多种字符样式。设定字体样式的具体操作步骤如下：

01

选中目标文本。

02

单击"文本"|"样式"|"粗体"命令。

03

选中另一段文本，单击"文本"|"样式"|"斜
体"命令。即可完成这两种字体样式的设置。

按【Ctrl + B】组合键，可将
选择的文本设置为粗体；按
【Ctrl + I】组合键，则可将选
择的文本设置为斜体。

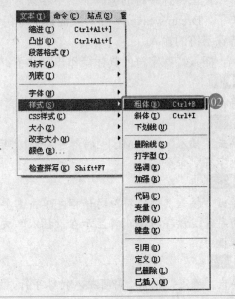

加·油·站

在文本"样式"子菜单中主要命令的含义如下：

- 粗体：将选中的文字加粗显示。
- 斜体：将选中的文字显示为斜体。
- 下划线：在选中的文字下方显示下划线。
- 删除线：将选中文字的中部横贯一条线，表明文字被删除。
- 打字型：将选中的文本作为等宽文本来显示。
- 强调：表明选中的文字需要在文档中被强调。
- 加强：表明选中的文字需要在文档中以强调的格式显示。
- 代码：表明被选中的文字是代码。
- 范例：表明被选中的文字是一个程序示例。
- 引用：表明选中的文字是被引用的。

3.4 插入其他文本元素

在 Dreamweaver 8 中，特殊文本包括特殊符号、水平线、注释信息、日期和时间等，下面将介绍插入这些文本元素的方法。

3.4.1 插入特殊字符

所谓特殊字符是指通过键盘无法直接输入的一类符号。在 HTML 中，插入特殊字符是一件很麻烦的事，因为有时特殊字符并不包含在当前文档的字符编码中；如果要在页面中显示它们，就必须使用其他方法。

记忆特殊字符的编码非常不容易，但是在 Dreamweaver 8 中插入特殊字符却变得非常简单了。Dreamweaver 8 在对象面板上专门设置了常见的特殊字符按钮，单击该按钮即可完成特殊字符的输入。

插入特殊字符的具体操作步骤如下：

▶▶ 01
将插入点定位在文档窗口的目标位置。

▶▶ 02
单击"插入"|HTML|"特殊字符"|"其他字符"命令。

▶▶ 03
弹出"插入其他字符"对话框，单击需要的字符，该字符编码将显示在"插入"文本框中。

▶▶ 04
单击"确定"按钮，即可插入特殊字符。

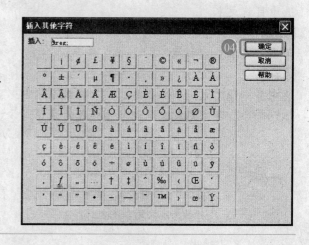

3.4.2　插入水平线

水平线在 HTML 文档中经常被用到，主要用于分隔文档内容，使文档结构清晰明了，合理地使用水平线可以得到非常好的效果。一篇内容繁杂的文档，通过合理地放置几条水平线，会使文档内容变得层次分明，易于阅读。

插入水平线的具体操作步骤如下：

01
将插入点定位在文档窗口的目标位置。

02
单击"插入"| HTML |"水平线"命令，即可插入水平线。

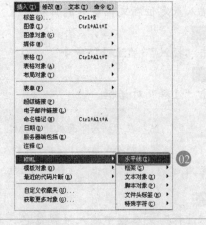

在"插入"面板的 HTML 选项卡中单击"水平线"按钮▦，也可以插入水平线。

3.4.3　插入日期和时间

在 Dreamweaver 8 中，用户可以自动插入系统的当前日期和时间，以代替手动输入。插入日期和时间的具体操作步骤如下：

01
将插入点定位在文档窗口的目标位置。

02
单击"插入"|"日期"命令。

03
弹出"插入日期"对话框。

在"插入"面板的"常用"选项卡中单击"日期"按钮🗓，也会弹出"插入日期"对话框。

04
单击"星期格式"下拉列表框右侧的下拉按钮，在弹出的下拉列表中选择"星期四"选顶。

05
分别设置"日期格式"和"时间格式"为1974-03-07 和 22:18。

06
单击"确定"按钮，即可插入日期和时间。

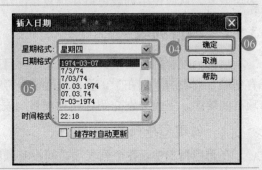

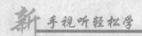

3.4.4 插入注释

Dreamweaver 中所指的"注释"是 HTML 的一种帮助性的辅助信息。插入注释的具体操作步骤如下：

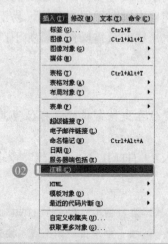

01
将插入点定位在文档窗口的目标位置。

02
单击"插入"|"注释"命令。

03
弹出"注释"对话框。

在"插入"面板的 HTML 选项卡中单击"注释"按钮 🔲，也会弹出"注释"对话框。

04
在"注释"文本框中输入注释信息，单击"确定"按钮。

05
弹出提示信息框，单击"确定"按钮，即可插入注释。

注释信息在编写 HTML 代码时起到辅助阅读作用，并不会显示到 Web 浏览器窗口中。注释信息能帮助网页设计者明确网页结构、模块功能，习惯于阅读和使用注释的网页设计者会在工作中受益匪浅。

3.5 设置列表

设置项目列表是 Dreamweaver 8 中的一个很重要的格式设置内容。列表就是将那些具有相同属性的元素分项标识，常用于为文档设置自动编号或项目符号等格式信息。列表项可以多层嵌套，从而使用列表可以实现复杂的结构目录效果。

3.5.1 项目列表

项目列表有两种类型，一种是无序项目列表，另一种是有序项目列表。无序项目列表和有序项目列表的区别在于，前者是用项目符号来标记无序的项目，而后者则使用编号来记录项目的顺序。下面分别介绍这两种项目列表的创建方法。

1. 创建无序列表

在无序列表中，各个列表项之间没有顺序级别之分，通常使用一个项目符号作为每条列表项的前缀。创建无序列表的具体操作步骤如下：

选中目标文本。

02

单击"文本"|"列表"|"项目列表"命令，即
可完成创建无序列表的操作。

> 在文本"属性"面板中单击"项
> 目列表"按钮▤，也可以创
> 建无序列表。

2. 创建有序列表

创建有序列表的具体操作步骤如下：

01

选中目标文本。

02

单击"文本"|"列表"|"编号列表"命令，
即可完成创建有序列表操作。

> 在文本"属性"面板中单击
> "编号列表"按钮▤，也可
> 以创建有序列表。

3.5.2　创建嵌套列表

嵌套列表是包含其他列表的列表。创建嵌套列表的具体操作步骤如下：

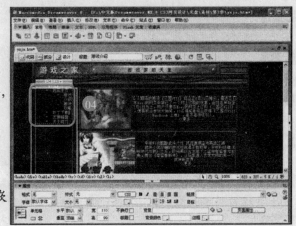

01

选中目标文本。

02

单击"文本"|"列表"|"项目列表"命令，
创建无序列表。

03

选中要嵌入的列表项。

04

单击"文本"|"缩进"命令，即可创建嵌
套列表。

3.5.3　标注特殊文字

为了突出列表项文字与普通文字的区别，用户可以将列表项文字标注为特殊文字。标注
特殊文字的具体操作步骤如下：

01

选中目标列表项。

02

单击"文本"|"样式"|"粗体"命令，设置文字为粗体。

03

单击"文本"|"样式"|"下划线"命令，为文字添加下划线。

04

单击"文本"|"颜色"命令。

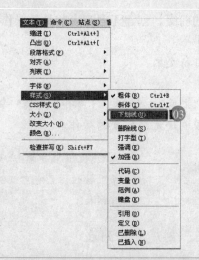

05

弹出"颜色"对话框。

06

在"基本颜色"选项区中设置列表项颜色为红色。

07

单击"确定"按钮，即可完成标注特殊文字的操作。

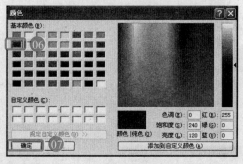

3.5.4　设置列表

设置列表的具体操作步骤如下：

01

选中目标列表项目。

02

单击"文本"|"列表"|"属性"命令。

03

弹出"列表属性"对话框。

04

单击"列表类型"下拉列表框右侧的下拉按钮。

05

在弹出的下拉列表中选择"编号列表"选项。

06

单击"样式"下拉列表框右侧的下拉按钮。

07

在弹出的下拉列表中选择"大写罗马字母"选项。

08

单击"确定"按钮，即可完成设置列表的操作。

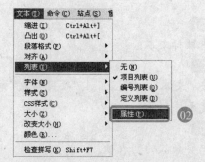

3.6 学中练兵——相约奥运

本章学中练兵通过制作相约奥运实例，介绍插入文本、插入其他文本元素、设置段落、增加项目列表等内容，让大家更好地掌握制作文本网页的知识。

制作奥运知识文档网页的具体操作步骤如下：

01

单击"文件"|"打开"命令，打开 ao yun 素材文件 aoyun. htm。

02

将插入点定位在文档窗口的目标位置。

03

输入"相约奥运"并选中该文本。

04

单击"文本"|"段落格式"|"标题 1"命令。

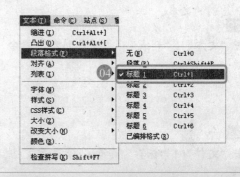

05

单击"文本"|"颜色"命令。

06

弹出"颜色"对话框，在"基本颜色"选项区中设置标题为白色。

07

单击"确定"按钮。

08

将插入点定位在文档窗口的目标位置。

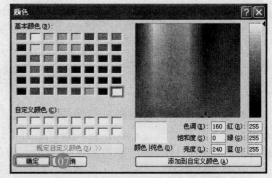

09

输入文字"奥林匹克的力量"，并选中该文本。

10

单击"文本"|"对齐"|"居中对齐"命令。

11

单击"文本"|"段落格式"|"标题 2"命令。

12

将光标定位于文本末尾，按【Enter】键换行。

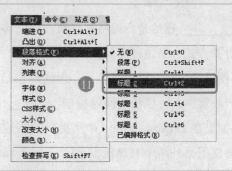

13

单击"文本"|"对齐"|"左对齐"命令。

14

打开素材文档"奥林匹克. txt"，复制文档中的所有内容，然后粘贴到光标当前位置。

15

选中复制的文本，在文本"属性"面板中单击"大小"下拉列表框右侧的下拉按钮。

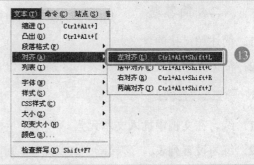

▶▶16

在弹出的下拉列表中选择 14 选项。

▶▶17

将插入点定位在文档窗口的目标位置。

▶▶18

打开素材文档"比赛项目.txt",复制文档中的所有内容,然后粘贴到光标当前位置。

▶▶19

选中复制的文本。

▶▶20

单击"文本" | "列表" | "项目列表"命令。

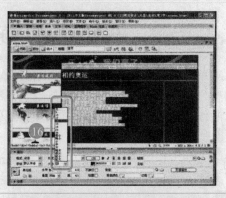

▶▶21

单击"文件" | "保存"命令,保存该文档。

▶▶22

单击"文件" | "在浏览器中预览" | IExplore 6.0 命令,即可预览文本效果。

3.7　学后练手

本章讲解了制作文本网页的设计知识,包括插入普通文本、处理段落、设置文字、插入文本元素、设置列表等。本章学后练手是为了让读者更好地掌握和巩固 Dreamweaver 8 的文本网页设计知识与操作,请根据本章所学内容认真完成。

一、填空题

1. _____指的是一段格式上统一的文本,编辑段落的操作有设置文本段落格式、设置段落对齐方式、缩进段落等操作。

2. 使用_____键可以换行,但同时也结束了一个段落。如果既要强制性换行,又要处于同一段落中,可以使用间隔标识_____。

3. 如果在 Dreamweaver 8 中所提供的常规文本选项中,用户得不到所需要的对齐效果,可考虑使用另外两个 HTML 标识:不间断标识_____和字分隔符标识_____。

二、简答题

1. 简述超链接的含义。

2. 简述无序列表与有序列表的区别。

三、上机题

1. 练习在文档中插入文本元素。

2. 练习设置列表。

第 **4** 章

制作图像网页

本章学习时间安排建议:

总体时间为 3 课时,其中分配 2 课时对照书本学习制作图像网页的基础知识与各项操作,分配 1 课时观看多媒体教程并自行上机进行操作。

学完本章,您应能掌握以下技能:

◇　了解网页图像格式
◇　插入图像
◇　设置图像
◇　使用水平线

图像和文本是网页中出现频率最高也是最重要的两类元素。浏览网页时，获取信息最直接的方式就是通过文本和图像。学会在网页中插入文本、图像，并设置它们的格式及样式，能实现图文混合排版是对网页设计人员最基本的要求。本章将详细介绍网页图像格式、插入图像、设置网页背景、使用水平线等内容。

4.1 网页图像格式

图片是网页中最重要的组成部分之一，美观的图片会为网站增添生命力，同时也会加深浏览者对网站风格的印象。使用图片可以加强网页的视觉效果，但就网络传输速度而言，图形文件要比文本文件大数百倍。因此，并不是所有格式的图片都适用于网页。目前广泛使用的图像格式有 GIF、JPEG 和 PNG，下面将分别介绍这些图像格式的特性。

4.1.1 GIF 格式

网页中最常用的图像格式是 GIF（Graphical Interchange Format，图形交换格式），经过多次修改和扩充，其功能已经有了很大的改进。使用 GIF 格式的图像最多可以显示 256 种颜色，因此最适合用于颜色较少的图像和线性艺术插图。

GIF 格式支持图片游离在背景之上的视觉效果，也就是说可以使图像产生透明的效果。当然所谓的透明并非真正的清澈透明，实际上是选定一种颜色让浏览器忽略，这样看起来好像这种颜色并不存在，代替它的是背景色。

GIF 格式的图像可以被交错下载。具体来说，当浏览器下载 GIF 格式的图像时，首先只下载其中的相应行，捕捉图像大致的模样，然后随着其他行也被逐步下载，图像才逐渐变得清晰可见。在网页中采用交错的 GIF 格式的图像，能够节省访问者的等待时间；另外 GIF 格式可以存储动画图片，这也是它最突出的特点。

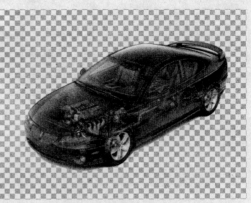

GIF 格式的图像文件占用磁盘空间小，支持透明背景，支持动画和交错下载。GIF 图像有时会出现一定程度上的失真现象，即"毛边"。对于色彩不丰富、棱角分明的图像，建议采用 GIF 格式存储，这样可以有效地避免出现"毛边"现象。

4.1.2 JPEG 格式

另一种经常使用的图像格式是 JPEG（Joint Photographic Experts Group，联合图像专家组），JPEG 文件的扩展名为 jpg 或 jpeg。其压缩技术十分先进，使用有损压缩方式去除冗余的图像和彩色数据，在获得极高压缩率的同时能保留十分丰富生动的图像。

JPEG 具有调节图像质量的功能，允许选择高质量、无损失的压缩（文件尺寸相对较大）或低质量、丢失图像信息的有损压缩（文件尺寸较小）。由于 JPEG 支持很高的压缩率，因此其图像的下载速度非常快。在多数图像处理软件中（如 Photoshop 和 Fireworks）都可以控制 JPEG 格式的文件的大小，使其介于最低图像质量与最高图像质量之间。

JPEG 图形文件格式支持大约 1670 万种颜色，可以很好地再现摄影图像，尤其是色彩丰富的大自然照片；JPEG 格式支持很高的压缩率，文件占用磁盘空间小。不过有损压缩的 JPEG 格式可能会造成图像质量上的损失，设置生成的 JPEG 图像为较高"品质"，可以弥补图片质量损失的缺陷，但这样会增大磁盘占用空间。

4.1.3 PNG 格式

PNG（Portable Network Graphic，可移植网络图形）格式是一种新型无显示质量耗损的文件格式，它包括对索引色、灰度、真彩色图像以及 alpha 通道透明的支持。不过作为一种图像文件格式，与 JPEG 的有损压缩方式相比，PNG 提供的压缩量较少，对多图像文件或动画文件不提供任何支持。PNG 是 Macromedia Fireworks 固有的文件格式，而且 PNG 格式文件可保留所有原始层、矢量、颜色和效果等信息。此格式文件必须具有扩展名 png 才能被 Dreamweaver 识别为 PNG 文件。

PNG 格式存储形式丰富，兼有 GIF 和 JPEG 的色彩模式；它能把图像文件的大小压缩到极限以利于网络的传输，而且不失真；PNG 格式的图像显示速度快，同样支持透明图像的制作，而且它是第一种支持监视器的伽码设置修正的图像文件格式，这使得 PNG 格式的图像在任何平台上都可以得到同样的显示效果。

4.2 插入图像

图像是文本的说明及例证，在一个页面中插入合适的图像比单纯地使用文本更有吸引力。如果在页面的适当位置上插入一些图像，不仅可以使文档清晰易读，而且可使页面更加活泼生动。

4.2.1 插入一般图像

插入图像的常用方法有两种，通过"插入"面板和"资源"面板插入图像。下面将具体介绍插入一般图像的方法。

1. 通过"插入"面板插入一般图像

在"插入"面板中插入一般图像的具体操作步骤如下：

▶01

在"插入"面板的"常用"选项卡中单击"图像"按钮。

▶02

弹出"选择图像源文件"对话框。

▶03

选择需要插入的图像。

▶04

单击"确定"按钮，即可插入所选图像。

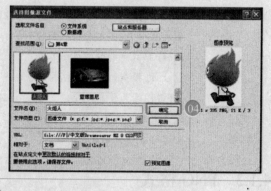

2. 通过"插入"菜单插入一般图像

通过"插入"菜单插入一般图像的具体操作步骤如下：

▶01

将插入点定位在文档窗口的目标位置。

▶02

单击"插入"|"图像"命令。

▶03

弹出"选择图像源文件"对话框。

▶04

选择需要插入的图像。

▶05

单击"确定"按钮，即可插入所选图像。

3. 通过"资源"面板插入一般图像

通过"资源"面板插入一般图像的具体操作步骤如下：

▶01

单击"窗口"|"资源"命令打开资源面板。

▶02

在"资源"面板中选择需要插入的图像。

▶03

单击"插入"按钮，即可插入图像。

只有在定义的站点里添加了图像素材文件，在"资源"面板上才会显示图像文件。

4.2.2 插入图像占位符

插入图像占位符的具体操作步骤如下：

▶️01

将插入点定位在文档窗口的目标位置。

▶️02

单击"插入"|"图像对象"|"图像占位符"命令，弹出"图像占位符"对话框。

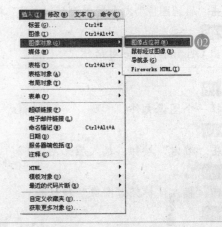

在"插入"面板的"常用"选项卡中，单击"图像"按钮右侧的下拉按钮，在弹出的菜单中选择"图像占位符"选项，也会弹出"图像占位符"对话框。

加—油—站

所谓图像占位符是指插入的占位符并不是一个具体的图像文件，而只是为了页面布局的需要，先设置一个符号来占用相应的页面空间，以备下一步在该位置插入图像时使用。

▶️03

设置"名称"为 img、"宽度"为 400、"高度"为 300。

▶️04

单击"确定"按钮，即可完成插入图像占位符的操作。

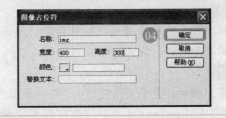

4.2.3 插入鼠标经过图像

浏览网页时常常看到有一种按钮，当鼠标指针移至它上面时，按钮会有明显的外观变化，这样的效果实际上是两幅按钮图像交替的结果。通过 Dreamweaver 8 中的鼠标经过图像功能，用户也可以很方便地实现这样的效果。插入鼠标经过图像的具体操作步骤如下：

▶️01

将插入点定位在文档窗口的目标位置。

▶️02

单击"插入"|"图像对象"|"鼠标经过图像"命令，弹出"插入鼠标经过图像"对话框。

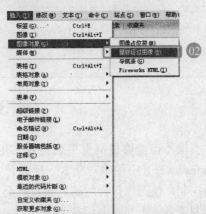

在"插入"面板的"常用"选项卡中，单击"图像"按钮右侧的下拉按钮，在弹出的菜单中选择"鼠标经过图像"选项，也会弹出"插入鼠标经过图像"对话框。

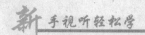
▶▶ 03

在"图像名称"文本框中输入图像名称。

▶▶ 04

单击"原始图像"文本框右侧的"浏览"按钮。

▶▶ 05

弹出 Original Image 对话框。

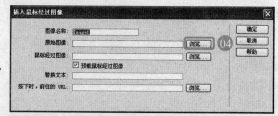

▶▶ 06

选择一个图像文件。

▶▶ 07

单击"确定"按钮，插入原始图像。

▶▶ 08

返回"插入鼠标经过图像"对话框。

▶▶ 09

单击"鼠标经过图像"文本框右侧的"浏览"按钮，弹出 Rollover Image 对话框。

▶▶ 10

选择另一个图像文件。单击"确定"按钮，插入鼠标经过图像文件。

▶▶ 11

返回"插入鼠标经过图像"对话框，单击"确定"按钮，返回文档窗口。

▶▶ 12

保存文档后，单击"文件"|"在浏览器中预览"| IExplore 6.0 命令，即可预览鼠标经过图像的效果。

加 油 站

　　鼠标指针经过一幅图像时，图像显示为另一幅图像，这称之为轮换图像。轮换图像实际是由两幅图像组成的，即初始图像（页面首次加载时显示的图像）和替换图像（鼠标指针经过时显示的图像）。用于创建轮换图像的两幅图像的大小必须相同。如果图像的大小不一，Dreamweaver 8 将自动调整第二幅图像的大小，使之与第一幅图像匹配。

4.3　设置图像

　　图像不但能够使网页更加美观、形象和生动，还能使网页中的内容更加丰富多彩。在 Dreamweaver 8 中图像与文本一样具有各种属性，通过对这些属性的设置可以实现对图像的精确控制，使图像符合网站风格，从而突现出网站的特点，给网页增加勃勃生机，以吸引更多的浏览者。下面将介绍在 Dreamweaver 8 中编辑和设置图像的方法。

4.3.1　设置图像属性

设置图像属性的具体操作步骤如下：

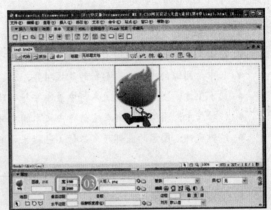

01

单击"文件"|"打开"命令，打开 img1 素材图像。

02

选中目标图像。

03

在图像"属性"面板中设置"宽"为150、"高"为200，即可完成对图像宽与高属性的设置。

加油站

在图像"属性"面板中，主要选项的含义如下：

- 宽和高：以像素为单位设定图像的宽度和高度。
- 源文件：用于指定图像的位置，单击文件夹图标可以指定或者键入源文件路径。
- 链接：用于指定图像的超链接。
- 对齐：用于设置图像或文本的对齐方式。
- 替换：当浏览器为纯文本浏览器或已设置为手动下载图像时的替代文本。
- 地图：用于标注和创建客户端图像地图。
- 目标：指定链接所指向的网页加载到哪个帧或窗口。
- 低解析度源：指定在图像下载完成之前显示的低质量图像。

4.3.2　设置图像的对齐方式

用户可以将图像与同一行中的文本、另一幅图像、插件或其他的元素对齐，还可以设置图像的水平对齐方式。设置图像对齐方式的具体操作步骤如下：

01

单击"文件"|"打开"命令，打开 img2 素材文件。

02

选中目标图像，在图像"属性"面板中单击"对齐"下拉列表框右侧的下拉按钮。

03

在弹出的下拉列表中选择"绝对居中"选项，即可完成图像居中对齐方式的设置。

加 · 油 · 站

在"属性"面板的"对齐"下拉列表框中,主要选项的含义如下:

● 默认值:用于指定基线对齐(根据站点访问者的浏览器的不同,默认值也会不同)。
● 基线和底部:文本或同一段落中的其他元素的基线与选定对象的底部对齐。
● 顶端:图像的顶端与当前行中最高项(图像或文本)的顶端对齐。
● 居中:图像的中部与当前行的基线对齐。
● 文本上方:图像顶端与文本行中最高字符的顶端对齐。
● 绝对居中:图像的中部与当前行中文本的中部对齐。
● 绝对底部:图像的底部与文本行(包括字母下部)的底部对齐。

4.3.3 编辑图像

在 Dreamweaver 8 中,提供了基本的图像编辑功能,用户无需使用外部图像编辑应用程序即可修改图像。Dreamweaver 8 图像编辑工具旨在使网页设计者与内容设计者(负责创建 Web 站点上使用的图像文件)轻松地协作。下面将介绍利用 Dreamweaver 8 的图像编辑功能对图像进行编辑的方法。

1. 使用裁剪工具编辑

"裁剪"可以让用户减小图像区域,设计者们通常也需要裁剪图像以强调图像主题。使用裁剪工具编辑图像的具体操作步骤如下:

▶▶01
单击"文件"|"打开"命令,打开 img3 素材文件。

▶▶02
在图像"属性"面板中单击"裁剪"按钮。

▶▶03
在所选图像的周围将显示裁剪控制点。

注意啦　在图像"属性"面板中"宽"和"高"的文本框上输入数值,也可以控制裁剪范围。

▶▶04
按住鼠标左键并拖动鼠标,调整裁剪控制点的位置。

▶▶05
按【Enter】键确认,在图像窗口中将显示裁剪后的图像大小。至此,即可完成使用裁剪工具裁剪图像的操作。

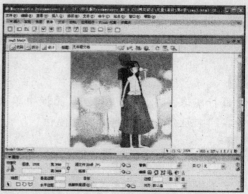

注意啦　裁剪控制点位置调整好后,也可以双击鼠标左键,删除所选位图边界框外的所有像素。

加 油 站

使用裁剪工具对图像编辑后，将永久性改变所选图像大小。如果对编辑结果不满意，用户可以单击"编辑"|"撤销裁剪"命令，撤销所作的任何更改。

2. 调整图像的亮度和对比度

使用亮度和对比度功能，可以修改图像中像素的亮度和对比度，这将影响图像的高亮显示、阴影和中间色调。修正过暗或过亮的图像时通常使用"亮度和对比度"按钮。调整图像的亮度和对比度的具体操作步骤如下：

01
单击"文件"|"打开"命令，打开 img4 素材文件。

02
在图像"属性"面板中单击"亮度和对比度"按钮 。

03
弹出"亮度/对比度"对话框，设置"亮度"为 40、"对比度"为 20。

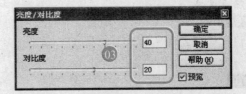

04
单击"确定"按钮，即可完成调整图像亮度和对比度操作。

注意啦

在"亮度/对比度"对话框中，可以在"亮度"和"对比度"文本框中直接输入数值以调整图像亮度和对比度，取值范围是-100 至 100。

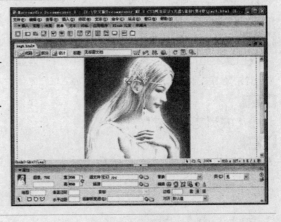

3. 使用锐化功能进行编辑

锐化功能可通过增加图像边缘的对比度来调整图像的焦点。扫描图像或拍摄数码相片时，大多数图像捕获软件的默认操作是柔化图像中各个对象的边缘，这样可以防止特别精细的细节从组成图像的像素中丢失。不过要显示图像文件中的细节却需要锐化图像，从而提高边缘的对比度，使图像更清晰。使用锐化功能的具体操作步骤如下：

01
单击"文件"|"打开"命令，打开 img5 素材文件。

02
在图像"属性"面板中单击"锐化"按钮 ，弹出"锐化"对话框，设置"锐化"的值为 5。

03
单击"确定"按钮，即可调整图像锐化效果。

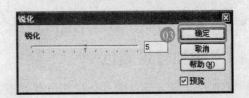

4.3.4　建立图像地图

　　图像地图通常被用来设置图像链接或图像导航。通过设置图像地图热点，单击图像中的热点区域，可以打开相应的链接目标文档。热点区域的形状可以是矩形、椭圆或者多边形。建立图像地图的具体操作步骤如下：

▶▶ 01
单击"文件"|"打开"命令，打开 img6 素材文件。

▶▶ 02
在图像"属性"面板中单击"矩形热点工具"按钮□。

▶▶ 03
在目标图像上按住鼠标左键并拖动鼠标，绘制热点区域。

▶▶ 04
文档窗口下方将显示热点"属性"面板。

▶▶ 05
在其中设置"地图"名称为 car、"链接"为 img5.html、"目标"为 _blank。

▶▶ 06
完成图像地图的建立，单击"文件"|"在浏览器中预览"|IExplore 6.0 命令。

▶▶ 07
打开"IE浏览器"窗口。

▶▶ 08
在创建热点的位置，单击鼠标左键，即可预览热点效果。

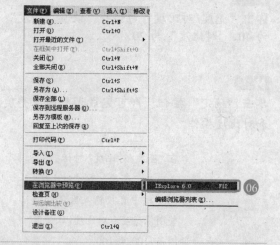

　　创建图像地图时，"地图"文本框中的名称不能为空，属于同一幅图像的热点，地图名称应该一致，对于属于不同图像的热点则必须设置不同的地图名称。

4.4　设置网页的背景

　　改变网页背景的状态可以通过两种方法来实现：一种是设置背景颜色，另一种是设置背景图像，下面将介绍设置网页背景的方法。

4.4.1　添加背景颜色

　　添加网页背景颜色的具体操作步骤如下：

01

单击"修改"|"页面属性"命令。

02

弹出"页面属性"对话框,单击"背景颜色"
按钮□。

03

弹出调色板,单击其右上角的三角按钮。

在文档窗口下方的"属性"面板
中,单击"页面属性"按钮,也
会弹出"页面属性"对话框。

04

在弹出的下拉列表中选择"调整到网页安全
色"选项。

05

设置"背景颜色"为粉红色(颜色参考值为
#FFCCFF)。

06

单击"确定"按钮,即可完成添加网页背景颜
色的操作。

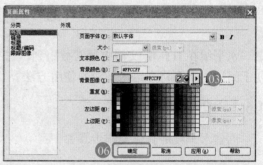

4.4.2　设置背景图像

改变网页的背景色虽可得到不同颜色的背景,但是背景颜色始终只是一种单一的颜色。
要使背景更加丰富,可以设置网页的背景图像。设置网页背景图像的具体操作步骤如下:

01

单击"修改"|"页面属性"命令。

02

弹出"页面属性"对话框。

03

单击"背景图像"文本框右侧的"浏览"按钮,
弹出"选择图像源文件"对话框,选择需要的
图像文件。

04

单击"确定"按钮。

05

返回"页面属性"对话框。

06

单击"确定"按钮,即可完成设置背景图像的
操作。

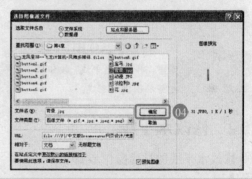

不管图像的尺寸多大,一旦将
该图像设置为背景图像,
Dreamweaver 8会自动将其重
复拼凑,填满整个背景区。

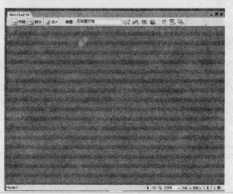

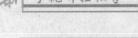
加油站

选择网页图片时，应该注意以下几点：

● 图片不只是网页中的装饰性的点缀，还可以帮助用户理解网页所表现内容的寓意，所以在选择图片时，应该挑选与网页内容及网站主题有关的图片。

● 将图片作为网页背景，最好选用淡色系列的图片，这样有助于网页的整体和谐。背景图片像素值越小越好，建议使用宽和高均很小的图片来制作可以拼接的背景图，这样不仅可以大大减小文件尺寸，又可以使页面显得美观。背景图片只是用来衬托网页主题的，切忌过于花哨。

4.5　使用水平线

水平线在 HTML 文档中经常被用到，它主要用于分割文本内容，使文档结构清晰明了，便于阅读。下面将介绍水平线的使用方法。

4.5.1　创建水平线

创建水平线的具体操作步骤如下：

▶▶ 01
将插入点定位在文档窗口的目标位置。

▶▶ 02
单击"插入"|HTML|"水平线"命令，即可创建水平线。

在"插入"面板的 HTML 选项卡中，单击"水平线"按钮，也可以创建水平线。

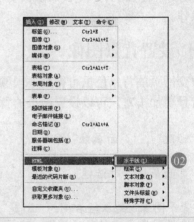

4.5.2　修改水平线

修改水平线的具体操作步骤如下：

▶▶ 01
在文档窗口中选择水平线。

▶▶ 02
在水平线"属性"面板中，设置水平线的"宽"为 700、"高"为 4、"对齐"为"居中对齐"，效果如右图所示。

如果用户需要改变水平线颜色，需要在"代码"视图中更改〈hr color＝"对应颜色的代码"〉。

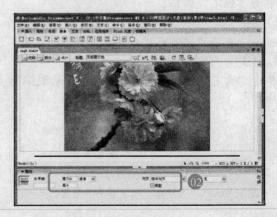

4.6　学中练兵——动态按钮

在 Dreamweaver 8 中，通过鼠标经过图像功能，可以实现轮换图片的效果。下面将通过制作动态按钮实例，让读者更好地掌握这一功能。制作动态按钮的具体操作步骤如下：

01 将插入点定位在文档窗口的目标位置。

02 单击"插入"|"图像对象"|"鼠标经过图像"命令。

03 弹出"插入鼠标经过图像"对话框。

04 单击"原始图像"文本框右侧的"浏览"按钮。

05 弹出 Original Image 对话框。

06 选择 button1 图像。

07 单击"确定"按钮，返回"插入鼠标经过图像"对话框。

08 单击"鼠标经过图像"文本框右侧的"浏览"按钮。

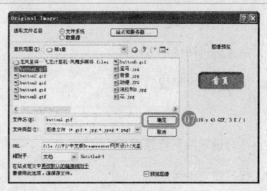

09 弹出 Rollover Image 对话框。

10 选择 button2 图像。

11 单击"确定"按钮，返回"插入鼠标经过图像"对话框。

12 单击"确定"按钮，即可在文档上插入"首页"按钮的轮换图片的动态效果。

▶▶13

用与上述相同的方法，分别插入"公司简介"、"产品展示"按钮的动态效果。

▶▶14

单击"文件"|"保存"命令，保存文档。

▶▶15

单击"文件"|"在浏览器中预览"|IExplore 6.0 命令，即可预览效果。

4.7　学后练手

　　本章讲解了图像网页的基础知识，包括插入图像、设置图像和网页背景、使用水平线等内容。本章学后练手是为了让读者更好地掌握和巩固制作图像网页的基础知识，请根据本章所学内容认真完成。

一、填空题

1. 目前广泛使用的网页图像格式主要有_____、_____和_____3 种。

2. 轮换图像由_____和_____两幅图像组成。

3. 改变网页背景的状态可以通过两种方法来实现：一种是_____，另一种是_____。

二、简答题

1. 简述编辑图像的方法。

2. 简述设置水平线的方法。

三、上机题

1. 练习设置网页背景。

2. 练习建立图像地图。

第 5 章

使用表格

学习安排

本章学习时间安排建议:

总体时间为 3 课时,其中分配 2 课时对照书本学习 Dreamweaver 8 的表格知识与各项操作,分配 1 课时观看多媒体教程并自行上机进行操作。

学有所成

学完本章,您应能掌握以下技能:

- ◇ 插入表格
- ◇ 修改表格结构
- ◇ 操纵单元格
- ◇ 格式化表格
- ◇ 排序表格

表格在网页中是一种用途非常广泛的工具，除了排列数据和图像外，表格更多地用在网页定位上。通过使用表格布局设置表格和单元格的属性，可实现对页面元素的准确定位，使得页面在形式上丰富多采又条理清晰，在组织上井然有序而又不显单调。合理地利用表格来布局页面，有助于协调页面结构的均衡。本章将介绍插入表格、修改表格结构、操纵单元格、调整表格大小、格式化表格和排序表格等知识。

5.1 插入表格

网页中表格的概念是传统表格概念的一种延伸，除了用于归类显示传统数据的数据表格外，网页中还有一种用于设置页面布局的表格，布局表格的出现为表格的应用赋予了新的定义和方向。

5.1.1 插入表格

插入表格就是在页面中完成表格的创建，下面将具体介绍插入表格的方法。

1. 使用菜单命令插入表格

使用菜单命令插入表格的具体操作步骤如下：

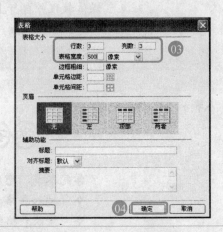

▶01

将插入点定位在文档窗口的目标位置。

▶02

单击"插入"|"表格"命令。

▶03

弹出"表格"对话框，设置"行数"和"列数"均为3、"表格宽度"为500像素。

▶04

单击"确定"按钮，即可插入表格。

2. 通过"插入"面板插入表格

通过"插入"面板插入表格的具体操作步骤如下：

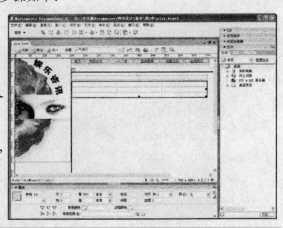

▶01

将插入点定位在文档窗口的目标位置。

▶02

在"插入"面板的"布局"选项卡中单击"表格"按钮，弹出"表格"对话框。

▶03

设置"行数"和"列数"均为3、"表格宽度"为500像素。

▶04

单击"确定"按钮，即可插入表格。

加 油 站

在"表格"对话框中，主要选项的含义如下：

● 行数：在该文本框中可指定表格的行数。

● 列数：在该文本框中可指定表格的列数。

● 表格宽度：在该文本框中可以以像素或以浏览器窗口百分比为单位指定表格宽度。

● 边框粗细：在该文本框中可指定表格的边框宽度，如果不需要显示边框，可输入 0。

● 单元格边距：指定单元格内容和单元格边界之间的像素数。

● 单元格间距：指定相邻的表格单元格之间的像素数。

● 页眉：该选项组中有 4 个选项，可以选择一种作为标题属性，使用标题可以方便网页浏览者了解表格主题和信息。

● 标题：提供了一个显示在表格外的表格标题。

● 对齐标题：指定表格标题相对于表格的显示位置。

● 摘要：给出了表格的说明，屏幕阅读器可以读取摘要文本，但是该文本不会显示在用户的浏览器中。

5.1.2　添加内容至单元格

表格建立后，用户就可以向表格中添加各种元素了。在表格里不仅可以输入文本，还可以插入表格（嵌套表格）、图像等对象。

在单元格中添加内容的具体操作步骤如下：

▶▶ 01
将插入点定位在目标单元格中。

▶▶ 02
单击"插入"|"图像"命令。

▶▶ 03
弹出"选择图像源文件"对话框，选择一幅图像。

▶▶ 04
单击"确定"按钮，即可添加内容至单元格中。

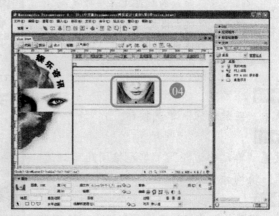

加 油 站

在表格中添加文本内容，除了直接在表格中输入文本外，还可以先运用其他文本编辑器编辑文本，然后将文本拷贝至表格里。

在单元格中添加图像时，如果单元格的尺寸小于插入图像的尺寸，则插入图像后单元格的尺寸将自动增高或增宽。

5.1.3　导入和导出表格数据

　　Dreamweaver 8 能与其他文字编辑软件进行数据交换，使用其他软件创建的表格数据，能导入至 Dreamweaver 8 中并转换为表格。此外，还可以将在 Dreamweaver 8 中创建的表格数据导出到文本文件中。下面将分别介绍导入和导出表格数据的方法。

　　1. 导入表格数据

　　导入表格数据的具体操作步骤如下：

01
将插入点定位于目标文档中，单击"文件"|"导入"|"表格式数据"命令。

02
弹出"导入表格式数据"对话框，单击"数据文件"文本框右侧的"浏览"按钮。

03
弹出"打开"对话框。

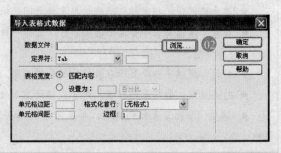

04
选择目标文件，单击"打开"按钮，返回"导入表格式数据"对话框。

05
单击"定界符"下拉列表框右侧的下拉按钮，在弹出的下拉列表中选择 Tab 选项。

导入的数据文件一般是纯文本格式（*.txt），或者是其他程序中（如 Microsoft Excel）创建的文件。

注意啦

06
选中"匹配内容"单选按钮。

07
设置"单元格边距"、"单元格间距"、"边框"值均为 1。

08
单击"格式行首行"下拉列表框右侧的下拉按钮，在弹出的下拉列表中选择"粗体"选项。

09
单击"确定"按钮，即可完成导入表格数据的操作。

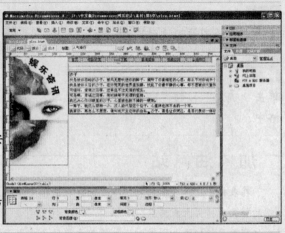

　　2. 导出表格数据

　　导出表格数据的具体操作步骤如下：

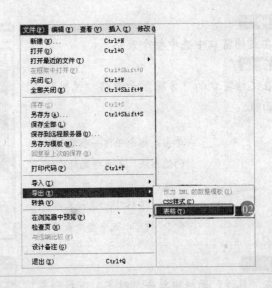

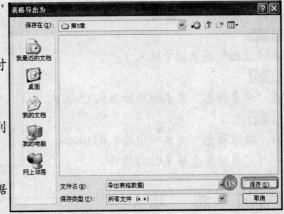

01

选择目标表格。

02

单击"文件"｜"导出"｜"表格"命令。

03

弹出"导出表格"对话框。

04

单击"定界符"下拉列表框右侧的下拉按钮，在弹出的下拉列表中选择 Tab 选项。

05

单击"换行符"下拉列表框右侧的下拉按钮，在弹出的下拉列表中选择 Windows 选项。

06

单击"导出"按钮，弹出"表格导出为"对话框。

07

选择导出文件的位置，在"文件名"下拉列表框中输入文件名。

08

单击"保存"按钮，即可完成导出表格数据的操作。

加 油 站

　　在"导出表格"对话框中，"定界符"是设置导出的数据文件中相邻数据间所使用的分割符，在该列表框中有 Tab、"空白键"、"逗号"、"分号"和"冒号" 5 个选项可供用户选择。

　　"换行符"是用于设置打开导出文件的操作系统，在该下拉列表框中有 Windows、Mac、UNIX 三个选项供用户选择。

5.1.4　设置表格属性

　　设置表格属性是对表格进行的一项重要的操作，通过设置表格的属性，可以改变表格的外观，以达到用户满意的效果。同时，设置表格属性也是对表格实现准确定位和排版的主要方法之一。

　　1. 设置整个表格的属性

　　设置表格属性的具体操作步骤如下：

01

在文档窗口中选中整个表格。

02

在文档窗口的下方将显示表格"属性"面板。

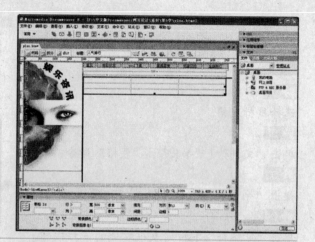

单击表格中任何一个单元格的边框线，或是将光标定位于表格内任意处，单击"修改"|"表格"|"选择表格"命令，均可以选中整个表格。

03

在"属性"面板中单击"对齐"下拉列表框右侧的下拉按钮，在弹出的下拉列表中选择"居中对齐"选项。

04

在"边框"数值框中输入 1。

05

在"背景颜色"文本框中输入#CC99FF。

06

在"边框颜色"文本框中输入#330000，即可完成设置表格属性的操作。

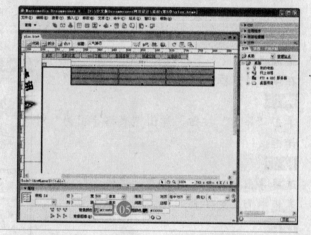

加·油·站

在表格"属性"面板中，主要选项的含义如下：

● 对齐：用于设置表格的对齐方式，有"默认"、"左对齐"、"居中对齐"和"右对齐"4 个选项。
● 边框：用于设置表格边框的宽度。
● 填充：用于单元格内容与单元格边界之间的像素数。
● 间距：用于相邻单元格间的像素数。
● 背景图像：用于设置表格的背景图片。
● 背景颜色：用于设置表格的背景颜色。
● 边框颜色：用于设置表格的边框颜色。
● 清除行高清除列宽：用于删除表格所有行高和列宽数据。
● 将表格宽度转为像素和将表格宽度转为百分比：用于将表格的宽度在像素表示和百分比表示间切换。
● 将表高度转为像素和将表高度转为百分比：用于将表格的高度在像素表示和百分比表示间切换。

2. 设置行、列和单元格的属性

设置行、列和单元格属性的具体操作步骤如下：

▶▶ 01
将插入点定位在目标单元格中。

▶▶ 02
在文档窗口的下方将显示单元格"属性"面板。

▶▶ 03
在"背景颜色"文本框中输入#FFCCFF。

▶▶ 04
然后选定第一行单元格，文档窗口下方将显示行"属性"面板。

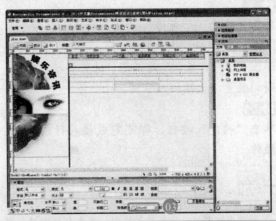

▶▶ 05
在"背景颜色"文本框中输入#FF99FF。

▶▶ 06
选定任意一列单元格，文档窗口下方将显示列"属性"面板。

▶▶ 07
在"背景颜色"文本框中输入#FF66FF，即可完成行、列和单元格属性的设置。

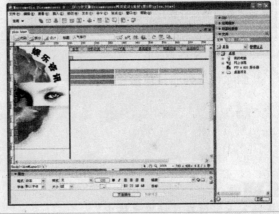

加　油　站

以像素为单位所采用的宽度或高度数值，是采用表格、行或列当前的宽度或高度的值；而以百分比为单位所采用的宽度或高度数值，是采用表格、行或列当前所占文档窗口宽度或高度的百分比。

5.2　修改表格结构

运用 Dreamweaver 8 的表格插入功能创建的表格都是规则的表格，而这种规则表格有时并不能达到用户的要求，因此需要对表格的结构进行调整。下面将介绍修改表格结构的一些常用操作。

5.2.1　插入、删除行或列

在表格中插入、删除行或列的方法很多，下面将分别介绍插入和删除行或列的方法。

1. 插入行或列

插入行或列的具体操作步骤如下：

▶▶01

将插入点定位在目标单元格中。

▶▶02

单击"修改"|"表格"|"插入行或列"命令。

▶▶03

弹出"插入行或列"对话框，设置要插入行或
列的数量，选择插入位置。

▶▶04

单击"确定"按钮，即可完成插入行或列的
操作。

加 油 站

　　将光标定位于目标单元格内，单击鼠标右键，弹出快捷菜单，选择"表格"|"插入行或列"选项，
也会弹出"插入行或列"对话框，然后再进行插入行或列的操作。

2. 删除行或列

删除行或列的具体操作步骤如下：

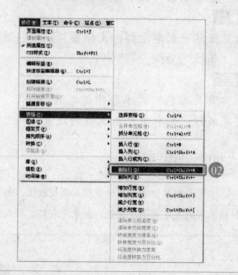

▶▶01

将插入点定位在目标单元格中。

▶▶02

单击"修改"|"表格"|"删除行"命令，即
可删除所选行。

▶▶03

单击"修改"|"表格"|"删除列"命令，即
可删除所选列。

加 油 站

　　将光标定位于单元格中，按【Ctrl + Shift + M】组合键可删除当前行；按【Ctrl + Shift + -】组合键可删除
当前列；选中要删除的行或列，按【Delete】键即可删除对应行或列。

5.2.2　嵌套表格

　　嵌套表格指在表格中插入另一个表格。表格可以无限制地多层嵌套，但是嵌套层数越多
浏览器解析的速度就越慢，用户等待的时间就越长。通常情况下，表格嵌套的深度最好不要
超过3层。嵌套表格的具体操作步骤如下：

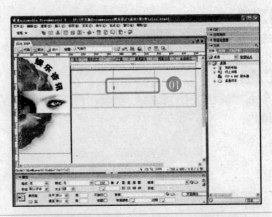

 01

将插入点定位在目标单元格中。

 02

单击"插入"｜"表格"命令。

 03

弹出"表格"对话框。

 04

设置表格的"行数"和"列数"均为 2、"表格宽度"为 300 像素、"边框粗细"为 1 像素。

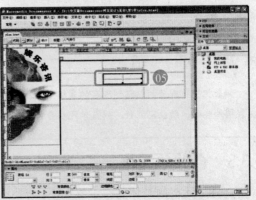

 05

单击"确定"按钮，即可创建嵌套表格。

> 嵌套的表格会对其父表格产生一定影响，当嵌套表格宽度大于所在父表格单元格的宽度时，父表格的单元格也会自动增大。因此使用嵌套表格时，要注意它的宽度和高度。

5.3 操纵单元格

在 Dreamweaver 8 中，用户可以对表格中的多个单元格进行剪切、复制、粘贴等操作，并能保留源单元格的格式，而且也可以对单元格进行合并及拆分。下面将具体介绍操纵单元格的方法。

5.3.1 剪切单元格

剪切单元格的具体操作步骤如下：

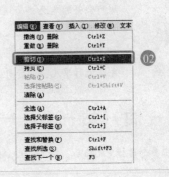

 01

选择一个或多个单元格。

 02

单击"编辑"｜"剪切"命令，即可将选定的单元格从表格中剪切出来。

5.3.2 粘贴单元格

粘贴单元格的具体操作步骤如下：

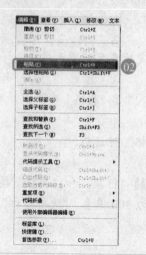

▶▶01

选中目标单元格并进行复制，将插入点定位在
文档窗口的目标位置。

▶▶02

单击"编辑"|"粘贴"命令，即可完成粘贴
操作。

粘贴单元格时，如果剪贴板
中的内容与选定单元格的内
容不兼容，Dreamweaver 8 将
弹出提示信息框，粘贴操作
将不能完成。

加 油 站

　　如果把整行或整列粘贴到现有的表格中，所粘贴的行或列将添加至该表格中，并作为新的行或列。如果
在表格外粘贴，所粘贴的行、列或单元格会作为一个新的表格出现。

5.3.3　合并单元格

合并单元格的具体操作步骤如下：

▶▶01

选择多个单元格。

▶▶02

单击"修改"|"表格"|"合并单元格"命令，
即可完成合并单元格的操作。

进行合并的单元格必须连续
并且是矩形，如果选定的区
域不是连续的矩形，那么将
无法进行单元格的合并。

加 油 站

　　选中多个目标单元格后，按【Ctrl + Alt + M】组合键，也可将所选单元格合并。

5.3.4　拆分单元格

　　在 Dreamweaver 8 中，可以很方便地将相邻的几个单元格合并为一个单元格，同样也可以将一个单元格拆分为几个单元格。

拆分单元格的具体操作步骤如下：

01
选中目标单元格。

02
单击"修改"|"表格"|"拆分单元格"命令。

03
弹出"拆分单元格"对话框，设置"行数"为 3。

04
单击"确定"按钮，即可完成拆分单元格的操作。

若对已含有内容的单元格进行拆分，拆分后原有内容将自动分配到拆分后的第一个单元格中。

5.4 调整表格大小

创建表格后，用户可以根据需要调整表格或表格中行、列的宽度或高度。整个表格的大小被调整后，表格中所有的单元格将按照比例调整大小。调整表格大小的方法有两种，下面将具体介绍这两种方法。

5.4.1 拖曳鼠标调整表格的大小

拖曳鼠标调整表格大小的具体操作步骤如下：

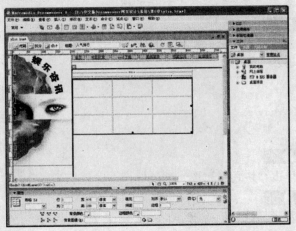

01
选中整个表格。

02
表格周围将显示缩放控制点。

03
将鼠标指针移至表格右下角的控制点上，按住鼠标左键并拖动鼠标至目标位置。

04
释放鼠标左键，即可调整表格大小。

5.4.2 通过表格"属性"面板调整表格的大小

通过表格"属性"面板调整表格尺寸的具体操作步骤如下：

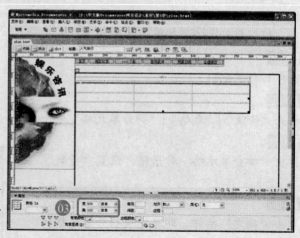

01

选中整个表格。

02

在文档窗口下方将显示表格"属性"面板。

03

在表格"属性"面板的"宽"和"高"文本框中分别输入 600 和 100，即可调整表格的大小。

5.5　格式化表格

Dreamweaver 8 提供了一些设计好的表格外观样式供用户在制作页面时选择。此外，用户也可以对预设的样式作进一步的修改。

5.5.1　格式化表格内容

格式化表格内容的具体操作步骤如下：

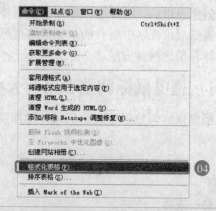

01

单击"文件"|"打开"命令。

02

弹出"打开"对话框，选择 pxbg 素材文档。

03

单击"打开"按钮，打开文档。

04

选中整个表格，单击"命令"|"格式化表格"命令。

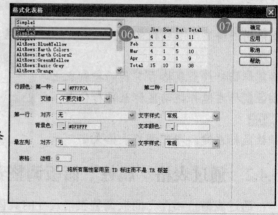

05

弹出"格式化表格"对话框。

06

在左侧的表格模式下拉列表框中选择 Simple3 选项。

07

单击"确定"按钮，即可格式化表格。

5.5.2 自定义格式化表格内容

自定义格式化表格内容的具体操作步骤如下：

▶▶ 01
在文档窗口中选中整个表格。

▶▶ 02
单击"命令"|"格式化表格"命令。

▶▶ 03
弹出"格式化表格"对话框。

▶▶ 04
在左侧的表格模式下拉列表框中选择 Simple
4 选项。

▶▶ 05
单击"第一行"选项区"文字样式"右侧的
下拉按钮。

▶▶ 06
在弹出的下拉列表中选择"粗体"选项。

▶▶ 07
单击"对齐"下拉列表框右侧的下拉按钮，
在弹出的下拉列表中选择"居中对齐"选项。

▶▶ 08
单击"确定"按钮，即可格式化表格内容。

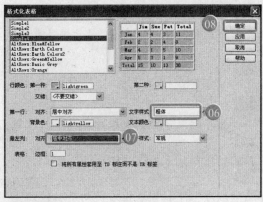

5.6 排序表格

网页的表格内部常常包含大量的数据，用户通过 Dreamweaver 8 提供的功能可以很方便
地对表格内的数据进行排序。排序表格功能主要针对具有格式数据的表格而言，是根据表格
列中的数据来排序的，下面介绍排序表格的方法。

5.6.1 降序排序

降序排序的具体操作步骤如下：

▶▶ 01
选中整个表格，单击"命令"|"排序表格"
命令，弹出"排序表格"对话框。

▶▶ 02
单击"排序按"下拉列表框右侧的下拉按钮，
在弹出的下拉列表中选择"列 8"选项。

▶▶ 03
单击"顺序"下拉列表框右侧的下拉按钮，在
弹出的下拉列表中选择"按数字顺序"选项。

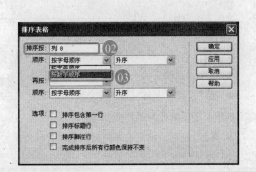

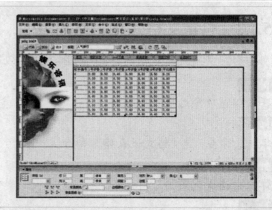

04

单击"顺序"下拉列表框右侧的第 2 个下拉
钮，在弹出的下拉列表中选择"降序"选项。

05

单击"确定"按钮，即可按降序排序表格。

注意啦

如果表格中含有经过合并生
成的单元格，那么表格将无
法使用表格排序功能。

5.6.2　升序排序

升序排序的具体操作步骤如下：

01

选中整个表格，单击"命令"｜"排序表格"
命令。

02

弹出"排序表格"对话框。

03

单击"排序按"下拉列表框右侧的下拉按钮。

04

在弹出的下拉列表中选择"列 8"选项。

05

单击"顺序"下拉列表框右侧的下拉按钮。

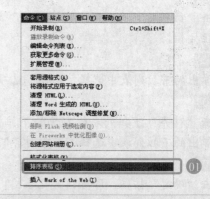

06

在弹出的下拉列表中选择"按数字顺序"选项。

07

单击"顺序"下拉列表框右侧的第 2 个下拉
按钮。

08

在弹出的下拉列表中选择"升序"选项。

09

单击"确定"按钮，即可按升序排序表格。

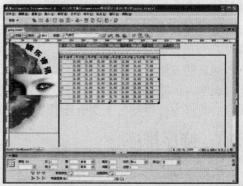

加　油　站

在"排序表格"对话框中，主要选项的含义如下：

● 排序按：设置按表格哪一列的值对表格的行进行排序。

● 顺序：设置表格列排序是"按字母顺序"还是"按数字顺序"，以及是以升序（从 A 到 Z，从小数字
到大数字）还是降序对表格的行进行排序。

● 再按/顺序：确定在不同列上第二种的排序方法。

5.7 绘制布局表格

布局模式是除了采用表格或层之外的另一种对页面进行布局的方式。布局模式主要是通过布局表格和布局单元格来布局页面的。这种模式同时具有表格和层的共同性质，继承了表格和层的准确定位和可移动性等特点。布局模式适合对表格操作不熟练的用户使用。

5.7.1 切换标准模式和布局模式

从标准模式切换至布局模式的具体操作步骤如下：

01

单击"查看"|"表格模式"|"布局模式"命令，弹出"从布局模式开始"对话框。

02

各参数为默认设置，单击"确定"按钮，即可切换至布局模式。

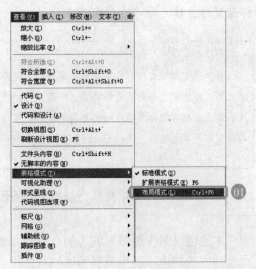

在布局模式窗口中单击"退出"超链接，即可退出布局模式，进入标准模式。

5.7.2 绘制布局表格

绘制布局表格的具体操作步骤如下：

01

单击"查看"|"表格模式"|"布局模式"命令，切换至"布局模式"窗口。

02

在"插入"面板的"布局"选项卡中单击"布局表格"按钮。

03

在文档窗口中按住鼠标左键并拖动鼠标至目标位置。

04

释放鼠标左键，即可绘制布局表格。

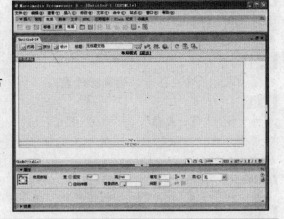

4.7.3 绘制布局单元格

在布局模式中布局单元格主要是用来放置和定位网页元素的。绘制布局单元格的具体操作步骤如下：

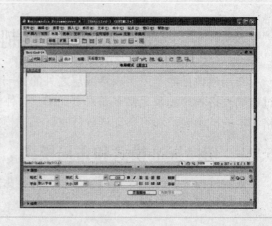

01

单击"查看"|"表格模式"|"布局模式"命令，切换至"布局模式"窗口。

02

在"插入"面板的"布局"选项卡中单击"绘制布局单元格"按钮 ▤。

03

在文档窗口中按住鼠标左键并拖动鼠标至目标位置。

04

释放鼠标左键，即可绘制布局表格。

加 油 站

　　除了在空白的文档内绘制布局单元格外，还可以在布局表格内绘制布局单元格。不过在布局表格内绘制单元格，所绘制的布局单元格将受到布局表格的限制，布局单元格的宽度和高度均不能超出其外边表格的宽度和高度；而在空白文档内绘制布局单元格，可以任意调整该布局单元格的宽度和高度。另外，在空白文档内绘制布局单元格后，Dreamweaver 8 会自动在布局单元格的外部添加一个布局表格。

5.8　学中练兵——制作图书列表

　　本实例以制作图书列表为例介绍插入表格、设置表格边框、合并单元格以及设置单元格背景颜色等知识。制作图书列表的具体操作步骤如下：

01

单击"文件"|"打开"命令，弹出"打开"对话框。

02

选择 tslb 素材文件，单击"打开"按钮，打开素材文件。

03

将插入点定位在文档窗口的目标位置。

04

单击"插入"|"表格"命令，弹出"表格"对话框，在"行数"和"列数"文本框中分别输入 6 和 4。

05

设置"表格宽度"为 550、"边框粗细"为 1。

06

在"单元格边距"和"单元格间距"文本框中分别输入 3 和 0。

07

在"标题"文本框中输入"图书列表"。

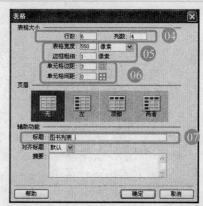

08

单击"确定"按钮，即可在目标位置插入表格。

09

选中整个表格，在文档窗口的下方将显示表格"属性"面板。

10

在"背景颜色"文本框中输入#FFFFFF。

11

在"边框颜色"文本框中输入#333333。

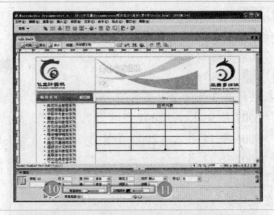

12

选中表格的第一列，文档窗口下方将显示列"属性"面板。

13

在"宽"文本框中输入 260。

14

运用与上述相同的方法，将表格的第 2 列至第 4 列的宽度分别设置为 130、90、80 像素。

15

选中表格的第一行，文档窗口下方将显示行"属性"面板。

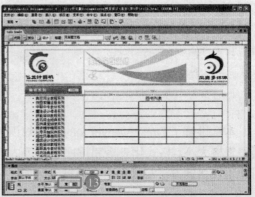

16

在"背景颜色"文本框中输入#CCCCCC。

17

在第一行的各单元格中分别输入"图书名称"、"出版社"、"出版日期"、"定价"。

18

选中表格的第一行，文档窗口的下方将显示行"属性"面板。

19

单击"字体"下拉列表框右侧的下拉按钮，在弹出的下拉列表中选择"黑体"选项。

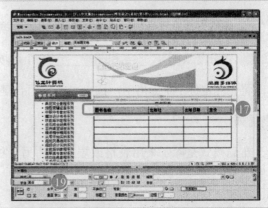

20

在"文本颜色"文本框中输入#000099。

21

单击"水平"下拉列表框右侧的下拉按钮，在弹出的下拉列表中选择"居中对齐"选项。

22

在表格第 1 列的 2 至 6 行中分别输入"网页制作全能培训教程"、"网页设计与制作"、"Dreamweaver MX 完全自学手册"、"Dreamweaver 2004 基础培训教程"、"完全实战演练 Dreamweaver 教程"。

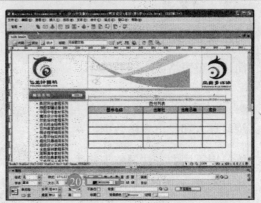

▶▶23

在表格第 2 列的 2 至 6 行中分别输入
"上海科普出版社"。

▶▶24

在表格第 3 列的 2 至 6 行中分别输入
"2007 年 9 月"、"2007 年 4 月"、
"2006 年 11 月"、"2006 年 8 月"、
"2007 年 11 月"。

▶▶25

在表格第 4 列的 2 至 6 行中分别输入
"35.00 元"、"22.00 元"、"46.00 元"、
"43.00 元"、"38.00 元"。至此，本实
例制作完毕。

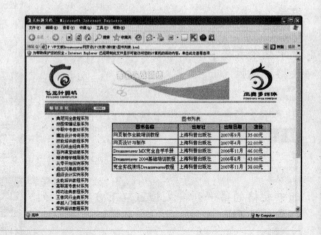

5.9　学后练手

　　本章讲解了 Dreamweaver 8 的表格知识，包括插入表格、修改表格结构、操纵单元格、调整表格大小、格式化表格和排序表格等内容。本章学后练手是为了让读者更好地掌握和巩固使用表格的方法与操作，请根据本章所学内容认真完成。

一、填空题

1．"定界符"是设置导出的数据文件中相邻数据间所使用的分割符，在该列表框中有 Tab、"空白键"、"分号"、_____和_____ 5 个选项可供用户选择。

2．将光标定位于单元格中，按_____组合键，可删除当前行；按_____组合键，可删除当前列。

3．布局模式是除了采用表格或层之外的另一种对页面进行布局的方式，布局模式主要是通过_____和_____来布局页面的。

二、简答题

1．简述嵌套表格的含义。

2．简述调整表格大小的方法。

三、上机题

1．练习导入和导出表格数据。

2．练习用不同的方法调整表格大小。

第 6 章

使用 CSS 样式

●━━○━◆━○━ 学习安排 ━○━◆━○━━●

本章学习时间安排建议：

总体时间为 3 课时，其中分配 2 课时对照书本学习使用 CSS 样式的知识与各项操作，分配 1 课时观看多媒体教程并自行上机进行操作。

●━○━◆━○━ 学有所成 ━○━◆━○━●

学完本章，您应能掌握以下技能：

◇ 了解 CSS 样式

◇ 使用 CSS 编辑器

◇ 编辑 CSS 样式

　　现在几乎所有漂亮的网页都使用 CSS 样式，CSS 是依附于 HTML 技术发展起来的一种新技术，由于它的使用方法简单易学，容易实现网页设计的标准化、结构化，而且有了 CSS 控制，所制作的网页会给人一种赏心悦目、条理清晰的感觉，同时字体的色彩变化也会使网页变得生动活泼，因此在网页设计领域中 CSS 备受推崇。本章将具体介绍 CSS 在网页中的应用。

6.1　什么是 CSS

　　CSS 是 Cascading Style Sheet（层叠样式表）的缩写，也称作样式表，是一种专门用于对网页元素进行格式定义的技术，或者也可以把它说成 HTML 的一个插件，在当前网页设计中的一个必不可少的插件。通过它可以把格式与网页分隔开来指定类似定位、特殊效果和鼠标热区等独特的 HTML 属性，充分弥补了 HTML 对网页格式化功能的不足，简化了网页的源代码，避免重复操作，减轻工作量。

　　HTML 语言定义了网页的结构和各要素的功能，而 CSS 通过将定义结构的部分和定义格式的部分分离，使用户能够对页面的布局施加更多的控制。CSS 的主旨就是将格式与结构分离，使 HTML 仍可以保持简单明了的初衷，把 CSS 代码独立出来是从另一角度控制页面外观。CSS 只是简单的文本，就像 HTML 那样，它不需要图像，不需要执行程序，不需要插件。使用 CSS 可以减少表格标签及其他加大 HTML 体积的代码，减少图像用量从而减小文件尺寸。另外 CSS 的代码有很好的兼容性，例如用户丢失某个插件时不会发生中断，或者是使用老版本的浏览器时代码不会出现杂乱无章的情况，只要是可以识别 CSS 的浏览器都可以应用。

6.2　使用 CSS 编辑器

　　使用 CSS 编辑器可以创建 CSS 样式表，同时也可以对 CSS 进行定义。下面将介绍使用 CSS 编辑器的方法。

6.2.1　创建新样式

　　常见的样式表有 3 种：内部样式表文件、外部链接样式表和内部嵌入样式表。创建新样式的具体操作步骤如下：

▶ 01

单击"窗口"|"CSS 样式"命令。

▶ 02

打开"CSS 样式"面板。

▶ 03

单击"CSS 样式"面板下侧的"新建 CSS 规则"按钮 。

▶ 04

弹出"新建CSS规则"对话框。

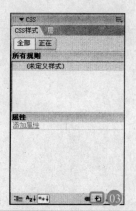

▶ 05

选中"类"单选按钮。

▶ 06

在"名称"下拉列表框中输入.body。

▶ 07

选中"新建样式表文件"单选按钮。

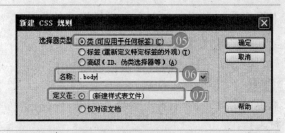

▶ 08

单击"确定"按钮，弹出"保存样式表文件为"对话框。

▶ 09

选择保存位置，在"文件名"文本框中输入名称。

▶ 10

单击"保存"按钮。

▶ 11

弹出 CSS 规则定义对话框，设置"字体"为"黑体"、"大小"为 16。

▶ 12

单击"确定"按钮，即可创建新样式。

在"新建 CSS 规则"对话框的"定义在"选项区中，如果选中"仅对该文档"单选按钮，单击"确定"按钮，将直接打开 CSS 规则定义对话框。

加 油 站

在 CSS 规则定义对话框的"分类"列表中，主要选项的含义如下：

- 类型：用于定义 CSS 样式的基本字体、类型等属性。
- 背景：用于定义 CSS 样式的背景属性，通过该分类可以对页面中的各类元素应用背景属性。
- 区块：用于定义标签和属性的间距及对齐方式。
- 边框：用于定义元素的边框，包括边框宽度、颜色和样式。
- 列表：用于为列表标签定义相关属性，如项目符号大小和类型。
- 定位：用于对元素进行定位。
- 扩展：用于设置一些附加属性，这些属性设置在不同的浏览器中受支持的程度有所不同。

6.2.2 定义文本和背景样式

使用 CSS 规则定义对话框中的"类型"和"背景"类别，可以定义文本和背景样式，下面将分别介绍定义文本和背景样式的方法。

1. 定义文本样式

定义文本样式的具体操作步骤如下：

01 单击"文件"|"打开"命令，打开 zpyq 素材文档。

02 单击"文本"|"CSS 样式"|"新建"命令。

03 弹出"新建 CSS 规则"对话框。

04 在"名称"下拉列表框中输入.body。

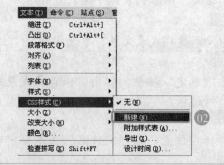

05 选中"仅对该文档"单选按钮。

06 单击"确定"按钮，弹出 CSS 规则定义对话框。

07 在"分类"列表框选择"类型"选项。

08 单击"字体"下拉列表框右侧的下拉按钮，在弹出的下拉列表中选择"宋体"选项。

09 设置"大小"为14、"粗细"为"粗体"。

10 在"颜色"文本框中输入#993399，单击"确定"按钮，返回文档窗口。

11 在文档窗口中选中目标文本。

12 单击"窗口"|"CSS 样式"命令，打开"CSS样式"面板。

13 在"CSS 样式"面板中选择目标样式。

14 单击鼠标右键，弹出快捷菜单，选择"套用"选项，即可定义文本样式。

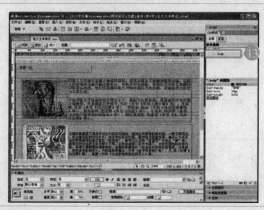

2. 定义背景样式

定义背景样式的具体操作步骤如下:

01

单击"文件"|"打开"命令,打开 xqgs 素材文档。

02

单击"文本"|"CSS 样式"|"新建"命令。

03

弹出"新建 CSS 规则"对话框。

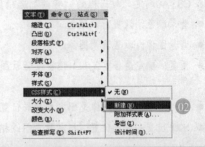

04

在"名称"下拉列表框中输入.bjys。

05

选中"仅对该文档"单选按钮。

06

单击"确定"按钮。

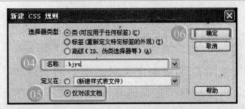

07

弹出 CSS 规则定义对话框。

08

在"分类"列表中选择"背景"选项。

09

单击"背景图像"下拉列表框右侧的"浏览"按钮,弹出"选择图像源文件"对话框。

10

选择目标文件,单击"确定"按钮。

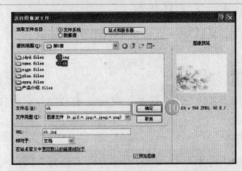

11

单击"重复"下拉列表框右侧的下拉按钮,在弹出的下拉列表中选择"不重复"选项。

12

设置"水平位置"和"垂直位置"均为"居中"。

13

单击"确定"按钮,返回文档窗口。

14

单击"窗口"|"CSS 样式"命令,打开"CSS 样式"面板。

15

在文档窗口中选中目标单元格。

16

在"CSS 样式"面板中选择目标样式。

17

单击鼠标右键,弹出快捷菜单,选择"套用"选项,即可定义背景样式。

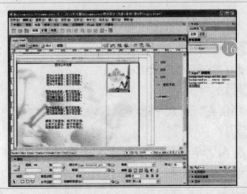

加 油 站

在 CSS 规则定义对话框的"背景"选项区中，主要选项的含义如下：
- 背景颜色：设置背景颜色。
- 背景图像：设置背景图像。
- 重复：确定是否重复及如何重复背景图像。有"不重复"、"重复"、"横向重复"和"纵向重复"4 个选项。
- 附件：确定背景图像是固定在原始位置还是随内容一起滚动。
- 水平位置和垂直位置：指定背景图像相对于元素的初始位置。

6.2.3 定义区块和方框样式

使用 CSS 规则定义对话框中的"区块"和"方框"类别，可以定义标签及属性的设置，下面将分别介绍定义区块和方框样式的方法。

1. 定义区块样式

定义区块样式的具体操作步骤如下：

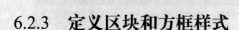

01
单击"文件"｜"打开"命令，打开 ylzx 素材文档。

02
单击"文本"｜"CSS 样式"｜"新建"命令。

03
弹出"新建 CSS 规则"对话框。

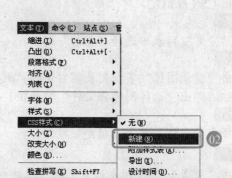

04
在"名称"下拉列表框上输入.qkys。

05
选中"仅对该文档"单选按钮。

06
单击"确定"按钮。

07
弹出 CSS 规则定义对话框。

08
在"分类"列表中选择"区块"选项。

09
分别在"单词间距"和"字母间距"下拉列表框中输入 3 和 2，单位均设置为"像素"。

10

单击"文本对齐"下拉列表框右侧的下拉按钮。

11

在弹出的下拉列表中选择"居中"选项。

12

单击"确定"按钮,返回文档窗口。

13

单击"窗口"|"CSS 样式"命令,打开"CSS
样式"面板。

14

在文档窗口中选中目标表格。

15

在"CSS 样式"面板中选择目标样式。

16

单击鼠标右键,弹出快捷菜单,选择"套用"
选项,即可定义区块样式。

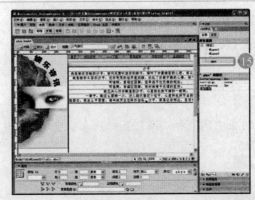

加 油 站

在 CSS 规则定义对话框的"区块"选项区中,主要选项的含义如下:

● 单词间距:设置单词的间距。选择值选项或输入数值可确定单词的间距,此时在右侧的下拉列表框中选择度量单位(例如,英寸、像素等)。

● 字母间距:设置字母或字符间的间距。负值表示减小字符间距,字母间距设置可覆盖对齐的文本。

● 垂直对齐:指定垂直对齐方式。

● 文本对齐:设置元素中的文字对齐方式。

● 空格:确定如何处理元素中的空白。

● 显示:指定是否以及如何显示元素。"无"选项表示关闭应用此属性的元素的显示。

2. 定义方框样式

"方框"类别可以为控制元素在页面上放置方式的标签和属性定义设置,定义方框样式的具体操作步骤如下:

01

单击"文件"|"打开"命令,打开 pxbg 素
材文档。

02

单击"文本"|"CSS 样式"|"新建"命令。

03

弹出"新建 CSS 规则"对话框。

加 油 站

按【Shift＋F11】组合键，也可快速打开"CSS 样式"面板。

▶04

在"名称"下拉列表框中输入. fkys。

▶05

选中"仅对该文档"单选按钮。

▶06

单击"确定"按钮。

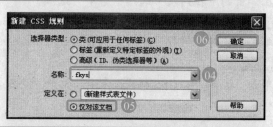

▶07

弹出 CSS 规则定义对话框。

▶08

在"分类"列表中选择"方框"选项。

▶09

分别在"宽"和"高"下拉列表框中输入 10 和 15。

▶10

单击"确定"按钮，返回文档窗口。

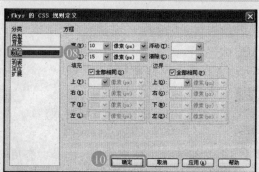

▶11

单击"窗口"｜"CSS 样式"命令，打开"CSS 样式"面板。

▶12

在文档窗口中选中目标表格。

▶13

在"CSS 样式"面板中选择目标样式。

▶14

单击鼠标右键，弹出快捷菜单，选择"套用"选项，即可定义方框样式。

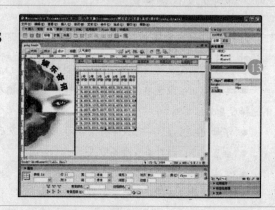

加 油 站

在 CSS 规则定义对话框的"方框"选项区中，主要选项的含义如下：

● 宽和高：设置元素的宽度和高度。

● 浮动：设置元素（如文本、表格、层等）在哪个边围绕元素浮动，其他元素按通常的方式环绕在浮动元素的周围。

● 清除：定义元素的哪一边不允许有层。如果层出现在被清除的那一边，则元素将移至该层的下方。

● 填充：指定元素内容与元素边框的间距。取消对"全部相同"复选框的选择，可设置元素各个边的填充。

● 边界：指定一个元素的边框与另一个元素间的间距。

6.2.4 定义边框和列表样式

　　使用 CSS 规则定义对话框的"边框"和"列表"类别，可以定义元素周围边框的设置及列表的设置，下面将分别介绍定义边框和列表样式的方法。

1. 定义边框样式

　　定义边框样式的具体操作步骤如下：

▶▶01
单击"文件"|"打开"命令，打开 pxbg 素材文档。

▶▶02
单击"文本"|"CSS 样式"|"新建"命令。

▶▶03
弹出"新建 CSS 规则"对话框。

▶▶04
在"名称"下拉列表框中输入. bkys。

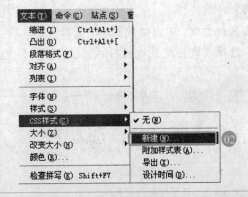

▶▶05
选中"仅对该文档"单选按钮，单击"确定"按钮。

▶▶06
弹出 CSS 规则定义对话框，在"分类"列表中选择"边框"选项。

▶▶07
单击"上"下拉列表框右侧的下拉按钮，在弹出的下拉列表中选择"虚线"选项。

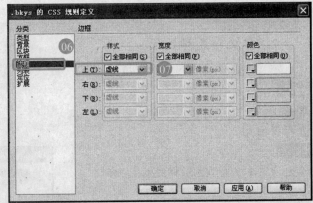

▶▶08
单击"宽度"选项区中对应的下拉列表框右侧的下拉按钮，在弹出的下拉列表中选择"细"选项。

▶▶09
在"颜色"选项区中对应的文本框中输入#000000。

▶▶10
单击"确定"按钮，返回文档窗口。

▶▶11
单击"窗口"|"CSS 样式"命令，打开"CSS 样式"面板。

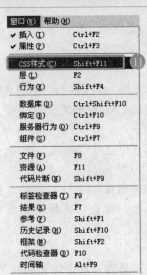

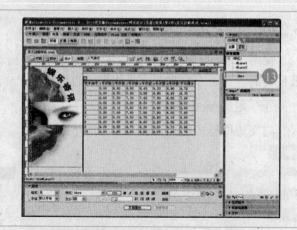

▶▶ 12

在文档窗口中选中目标表格。

▶▶ 13

在"CSS 样式"面板中选择目标样式。

▶▶ 14

单击鼠标右键，弹出快捷菜单，选择"套用"选项，即可定义边框样式。

加　油　站

在 CSS 规则定义对话框的"边框"选项区中，主要选项的含义如下：

- 样式：设置边框的样式外观。
- 宽度：设置元素边框的粗细。
- 颜色：设置边框的颜色。

2. 定义列表样式

定义列表样式的具体操作步骤如下：

▶▶ 01

单击"文件"|"打开"命令，打开 txms 素材文档。

▶▶ 02

单击"文本"|"CSS 样式"|"新建"命令。

▶▶ 03

弹出"新建 CSS 规则"对话框，在"名称"下拉列表框中输入. lbys。

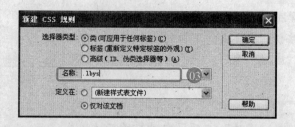

▶▶ 04

选中"仅对该文档"单选按钮，单击"确定"按钮，弹出 CSS 规则定义对话框。

▶▶ 05

在"分类"列表中选择"列表"选项。

▶▶ 06

单击"项目符号图像"下拉列表框右侧的"浏览"按钮，弹出"选择图像源文件"对话框。

▶▶ 07

选择目标文件，单击"确定"按钮。

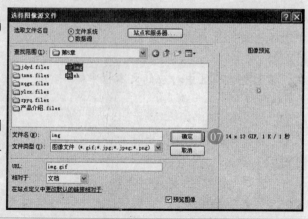

08

返回 CSS 规则定义对话框,单击"确定"按钮。

09

返回文档窗口,选择目标文档。

10

单击"窗口"|"CSS 样式"命令,打开"CSS 样式"面板。

11

在"CSS 样式"面板中选择目标样式。

12

单击鼠标右键,弹出快捷菜单,选择"套用"选项,即可定义列表样式。

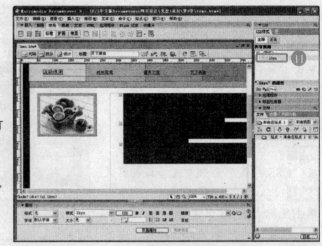

6.2.5　定义定位和扩展样式

使用 CSS 规则定义对话框中的"定位"和"扩展"选项,可以定义层的默认标签及"扩展"样式的属性,下面将分别介绍定义定位和扩展样式的方法。

1. 定义定位样式

定义定位样式的具体操作步骤如下:

01

单击"文件"|"打开"命令,打开 jdyd 素材文档。

02

单击"文本"|"CSS 样式"|"新建"命令。

03

弹出"新建 CSS 规则"对话框。

04

在"名称"下拉列表框中输入.dwys。

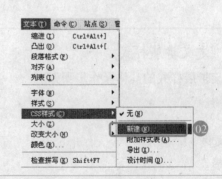

05

选中"仅对该文档"单选按钮,单击"确定"按钮,弹出 CSS 规则定义对话框。

06

在"分类"列表中选择"定位"选项。

07

单击"显示"下拉列表框右侧的下拉按钮,在弹出的下拉列表中选择"隐藏"选项。

08

单击"确定"按钮,返回文档窗口。

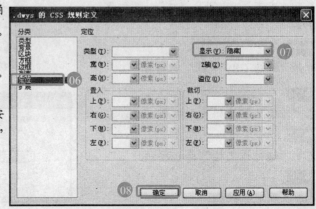

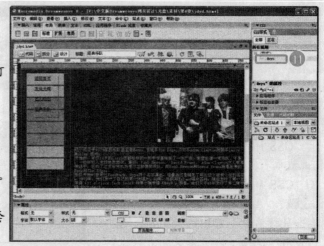

09 单击"窗口"|"CSS 样式"命令，打开"CSS 样式"面板。

10 在文档窗口中选择目标层。

11 在"CSS 样式"面板中选择目标样式。

12 单击鼠标右键，弹出快捷菜单，选择"套用"选项，即可定义定位样式。

加-油-站

在 CSS 规则定义对话框的"定位"选项区中，主要选项的含义如下：

● **类型**：确定浏览器应如何来定位层，有"绝对"、"相对"、"静态" 3 个选项。

● **显示**：确定层的初始显示条件，有"继承"、"可见"、"隐藏" 3 个可见性选项。

● **Z 轴**：确定层的堆叠顺序，编号较高的层显示在编号较低的层的上面，值可以为正也可以为负。

● **溢位**：确定当前层的内容超出层的大小时的处理方式。

● **置入**：指定层的位置和大小，如果层的内容超出指定的范围，超出部分将被覆盖。

2. 定义扩展样式

定义扩展样式的具体操作步骤如下：

01 单击"文件"|"打开"命令，打开 cpzs 素材文档。

02 单击"文本"|"CSS 样式"|"新建"命令。

03 弹出"新建 CSS 规则"对话框。

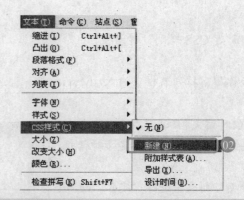

04 在"名称"下拉列表框中输入 . kzys。

05 选中"仅对该文档"单选按钮。

06 单击"确定"按钮。

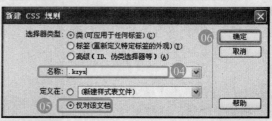

▶▶07

弹出 CSS 规则定义对话框。

▶▶08

在"分类"列表中选择"扩展"选项。

▶▶09

单击"光标"下拉列表框右侧的下拉按
钮,在弹出的下拉列表中选择 crosshair
选项。

▶▶10

单击"确定"按钮,返回文档窗口。

▶▶11

单击"窗口"|"CSS 样式"命令,
打开"CSS 样式"面板。

▶▶12

在文档窗口中选择目标图像。

▶▶13

在"CSS 样式"面板中选择目标样式。

▶▶14

单击鼠标右键,弹出快捷菜单,选择
"套用"选项,即可定义扩展样式。

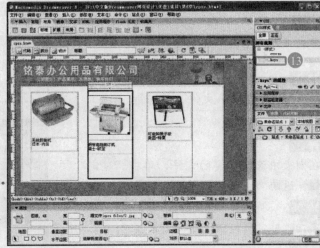

加 油 站

在 CSS 规则定义对话框的"扩展"选项区中,"光标"下拉列表框主要可选选项的含义如下:

● crosshair: 当鼠标经过样式控制的对象时,光标显示为十字型。

● text: 当鼠标经过样式控制的对象时,光标显示为 I 型。

● ne-resize: 当鼠标经过样式控制的对象时,光标显示为东北箭头。

● sw-resize: 当鼠标经过样式控制的对象时,光标显示为西南箭头。

● se-resize: 当鼠标经过样式控制的对象时,光标显示为东南箭头。

● wait: 当鼠标经过样式控制的对象时,光标显示为等待状态。

● help: 当鼠标经过样式控制的对象时,光标显示为帮助状态。

● default: 当鼠标经过样式控制的对象时,光标显示为默认状态。

● e-resize: 当鼠标经过样式控制的对象时,光标显示为东箭头。

6.2.6　定义链接样式

定义链接样式的具体操作步骤如下:

▶▶01

单击"文件"|"打开"命令,打开 txms1 素材文档。

▶▶02

单击"窗口"|"CSS 样式"命令,打开"CSS样式"面板。

▶▶03

单击"CSS 样式"面板下侧的"附加样式表"按钮 。

▶▶04

弹出"链接外部样式表"对话框。

▶▶05

单击"文件/URL"下拉列表框右侧的"浏览"按钮。

▶▶06

弹出"选择样式表文件"对话框。

▶▶07

在列表中选择需要的文件,单击"确定"按钮,返回"链接外部样式表"对话框。

▶▶08

单击"确定"按钮,返回文档窗口。

▶▶09

在文档窗口中选中目标文档。

▶▶10

在"CSS 样式"面板中选择目标样式。

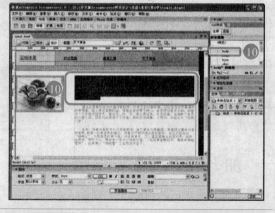

▶▶11

单击鼠标右键,弹出快捷菜单,选择"套用"选项,即可定义链接样式。

6.3　编辑 CSS 样式

CSS 样式创建完成后,可以在"CSS 样式"面板中对 CSS 样式进行编辑。下面将介绍编辑 CSS 样式的方法。

6.3.1　修改 CSS 样式

修改 CSS 样式的具体操作步骤如下：

01
单击"文件"|"打开"命令，打开 sskj 素材文档。

02
单击"窗口"|"CSS 样式"命令，打开"CSS 样式"面板。

03
在"CSS 样式"面板中选择目标样式。

04
单击"CSS 样式"面板下方的"编辑样式"按钮。

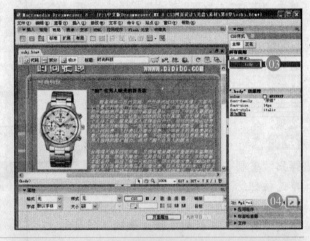

05
弹出 CSS 规则定义对话框。

06
在"分类"列表中选择"类型"选项。

07
单击"字体"下拉列表框右侧的下拉按钮。

08
在弹出的下拉列表中选择"黑体"选项。

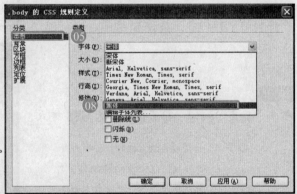

09
设置"大小"为 12、"粗细"为"粗体"、"样式"为"偏斜体"。

10
单击"确定"按钮，即可修改 CSS 样式。

CSS 样式是一个外部文件包含的样式和格式化规范，当编辑一个外部 CSS 样式时，所有链接到该 CSS 样式的文档也会被更新，以反映最新编辑后的样式。

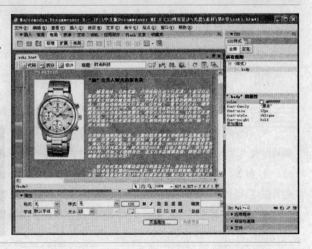

6.3.2　复制 CSS 样式

复制 CSS 样式的具体操作步骤如下：

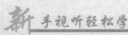

▶ 01

单击"文件"|"打开"命令，打开 grzy 素材文档。

▶ 02

单击"窗口"|"CSS 样式"命令，打开"CSS 样式"面板。

▶ 03

打开"CSS 样式"面板，选择目标样式。

▶ 04

单击鼠标右键，弹出快捷菜单，选择"复制"选项。

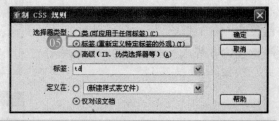

▶ 05

弹出"重制 CSS 规则"对话框，选中"标签"单选按钮。

▶ 06

单击"标签"下拉列表框右侧的下拉按钮。

▶ 07

在弹出的下拉列表中选择 td 选项。

▶ 08

单击"确定"按钮，即可复制所选 CSS 样式。

如果要把复制的样式作为外部样式，在"重制 CSS 规则"对话框中选中"定义在"右侧的"新建样式表文件"单选按钮，并选择保存位置即可。

注意啦

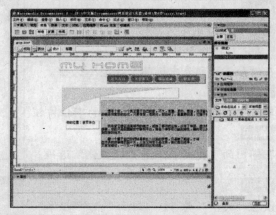

加　油　站

在"重制 CSS 规则"对话框中，各"选择器类型"的具体含义如下：

● 类：定义了一种通用的方式，所有应用了该方式的元素，在浏览器中都遵循该类定义的规则。类名称必须以句点开头，可以包含任何字母和数字的组合。如果没有输入开头的句点，Dreamweaver 8 将自动输入。

● 标签：该选项可以对某一具体标签进行重新定义，这种方式针对 HTML 中的代码进行设置，其作用是当创建或修改某个标签的 CSS 后，所有应用到该标签进行格式化的文本都将立即更新。

● 高级：该选项会对某一具体的标签组合或者含有特定 ID 属性的标签应用样式。

6.3.3　删除 CSS 样式

删除 CSS 样式的具体操作步骤如下：

01

单击"文件"|"打开"命令，打开 sskj 素材文档。

02

单击"窗口"|"CSS 样式"命令，打开"CSS 样式"面板。

03

在"CSS 样式"面板中选择目标样式。

04

单击鼠标右键，弹出快捷菜单。

05

选择"删除"选项，即可删除所选的 CSS 样式。

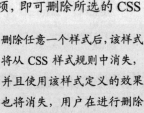

删除任意一个样式后，该样式将从 CSS 样式规则中消失，并且使用该样式定义的效果也将消失，用户在进行删除 CSS 样式操作时，最好先做好备份工作。

注意啦

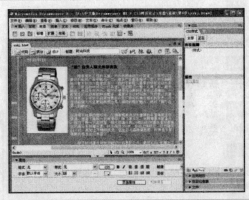

加 油 站

在"CSS 样式"面板中选择目标样式后，单击"CSS 样式"面板下部的"删除 CSS 规则"按钮，也可删除 CSS 样式。

6.4 学中练兵——制作产品推荐

网络技术在发展，设计网页的技术也在不断地提高。现在人们已经不满足于原有的一些 HTML 标记，而是希望网页的内容能加上更多的多媒体属性。作为 CSS 的一个新的扩展，CSS 滤镜属性能把可视化的滤镜和转换效果添加到一个标准 HTML 元素上。

下面通过制作产品推荐文档实例，介绍运用 CSS 滤镜属性对网页图像添加效果，从而让读者更好地掌握定义 CSS 样式的方法。

制作产品推荐文档的具体操作步骤如下：

01

单击"文件"|"打开"命令。

02

弹出"打开"对话框。

03

在列表中选择 cpjs 素材文档。

04

单击"打开"按钮，打开素材文件。

05

单击"窗口"|"CSS 样式"命令。

06

打开"CSS 样式"面板。

07

单击"CSS 样式"面板下侧的"新建 CSS 规则"按钮。

08

弹出"新建 CSS 规则"对话框。

09

选中"类"单选按钮。

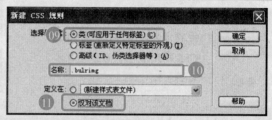

10

在"名称"下拉列表框中输入.bulrimg。

11

选中"仅对该文档"单选按钮。

12

单击"确定"按钮，弹出 CSS 规则定义对话框。

13

在"分类"列表中选择"扩展"选项。

14

单击"滤镜"下拉列表框右侧的下拉按钮。

15

在弹出的下拉列表中选择 Blur 选项。

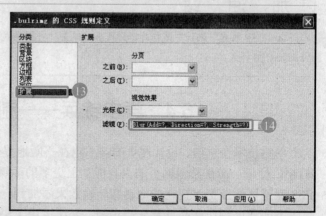

16

设置过滤器的值，单击"确定"按钮。

Add 设置是否在已应用 Blur 过滤器的 HTML 元素上显示原来的模糊方向；Direction 设置模糊方向；Strength 指定图像模糊的半径大小。

注意啦

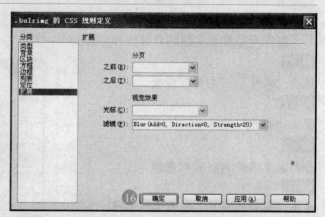

17

此时"CSS 面板"上有一个名为.bulrimg
的 CSS 样式表。

18

参照步骤 7～11 的方法，创建一个名
为.inverimg 的 CSS 样式。

19

单击"确定"按钮，弹出 CSS 规则定义
对话框。

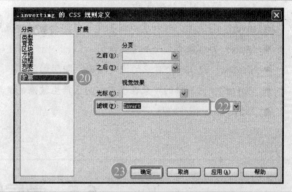

20

在"分类"列表中选择"扩展"选项。

21

单击"滤镜"下拉列表框右侧的下拉
按钮。

22

在弹出的下拉列表中选择 Invert 选项。

23

单击"确定"按钮，设置扩展效果。

24

在文档窗口中选择目标图像。

25

文档窗口下方将显示图像"属性"面板。

26

单击"类"下拉列表框右侧的下拉按钮。

27

在弹出的下拉列表中选择 bulrimg 选项。

28

选择另一幅图像。

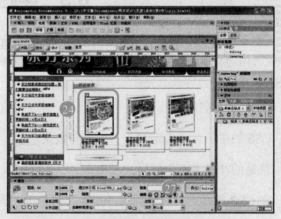

29

在图像"属性"面板中，单击"类"下
拉列表框右侧的下拉按钮。

30

在弹出的下拉列表中选择 inverimg
选项。

31

单击"文件"|"保存"命令，保存文件。

32

按【F12】快捷键预览页面，效果如右图
所示。至此，本实例制作完毕。

加 · 油 · 站

CSS 规则定义对话框的"扩展"选项区中各"滤镜"选项的含义如下：

- Alpha：设置对象透明度。
- Blur：设置对象产生的模糊效果。
- Chroma：设置指定的颜色为透明效果。
- DropShadow：设置 HTML 对象产生下落式阴影，常用在文字或图像上。
- FlipH 和 FlipV：设置网页中的对象产生水平和垂直翻转的效果。
- Glow：为对象的外边界增加光效。
- Gray：降低图片的彩色度。
- Invert：将色彩、饱和度以及亮度等值完全翻转建立底片效果。
- Mask：为对象建立一个透明膜。
- Shadow：建立一个对象的固定轮廓，即阴影效果。
- Wave：使网页中的对象在垂直方向上产生波浪的变形效果。
- Xray：显示图片轮廓。

6.5　学后练手

本章讲解了 Dreamweaver 8 的 CSS 知识，包括 CSS 的概念、使用 CSS 编辑器、编辑 CSS 样式等内容。本章学后练手是为了让读者更好地掌握和巩固 Dreamweaver 8 的 CSS 知识，请根据本章所学内容认真完成。

一、填空题

1. CSS 的主旨就是将定义_____与定义_____的部分分离。

2. 常见的样式表有内部样式表文件、_____和_____3 种。

3. 在 CSS 规则定义对话框的"分类"列表中，有_____、背景、区块、方框、边框、列表、_____和扩展 8 种类别样式。

二、简答题

1. 简述 CSS 样式表的含义。

2. 简述编辑 CSS 样式的方法。

三、上机题

1. 练习定义 CSS 样式。

2. 练习应用 CSS 样式。

第 7 章

利用层制作网页

本章学习时间安排建议：

总体时间为 3 课时，其中分配 2 课时对照书本学习利用层制作网页的知识与各项操作，分配 1 课时观看多媒体教程并自行上机进行操作。

学完本章，您应能掌握以下技能：

◇　了解层和层面板
◇　熟悉层的操作
◇　设置层参数
◇　嵌套层

层是 CSS 中的定位技术,在 Dreamweaver 中对其进行了可视化。通常情况下,文本、图像、表格等元素各有其独立位置,不能互相叠加在一起,使用层功能可以将这些元素放置在网页文档中的任意位置,还可以按顺序排列其他构成元素。本章将详细介绍层的创建、设置及使用等内容。

7.1　层和层面板

在设计网页时,必须对页面元素进行定位,以使页面布局整齐、美观。层就是一种新的网页元素定位技术,使用层可以以像素为单位精确地定位页面元素。把页面元素放入层中,可以控制某个层显示在前面还是后面,是显示还是隐藏。配合时间轴的使用,可以同时移动一个或多个层,轻松地制作出动态效果。

7.1.1　关于层

层是指存放 Div 和 Span 标记描述的 HTML 容器。层可以包含文本、图像、表格、插件,甚至层内还可以包含其他层。在 HTML 文档的正文部分可以放置的元素,都可以放入层中。

在 Dreamweaver 8 中,用户可以使用以下两种层来定位页面:

➢　CSS 层:CSS 层(层叠样式表层)使用 Div 和 Span 标记页面内容。CSS 层的属性由万维网联盟(W3C)的"用层叠样式表定位 HTML 元素"定义。

➢　Netscape 层:Netscape 层使用 Netscape 的 Layer 和 Ilayer 标记定位页面内容。Netscape 层的属性由 Netscape 的专有层格式定义。

7.1.2　层面板

"层"面板是文档中层的可视图,单击"窗口"|"层"命令,或按【F2】键可以打开"层"面板。下面介绍"层"面板。

在"层"面板中,层以堆叠的名称列表样式显示。最初建立的层位于列表的底部,最后建立的层位于列表的顶部。单击"眼睛"图标 ,可以改变层的可见性,睁开的眼睛表示层可见,闭上的眼睛表示层不可见。在"名称"列上双击层名称,可更改层名称。

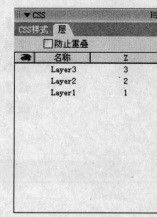

7.2　层的基本操作

层也是重要的网页布局工具之一,但它与表格有所不同,因为层不会受到网页中其他元素的限制,可以放到网页的任何位置,就像是浮在页面上方一样。层的出现使网页从二维平面拓展到三维,可以使页面上的元素进行重叠和复杂的布局。

7.2.1　创建层

Dreamweaver 8 可以方便地在网页上创建层，并精确地定位层的位置。通过菜单命令和使用"插入"面板都可以创建层，下面将具体介绍创建层的方法。

1.　通过菜单命令创建层

通过菜单命令创建层的具体操作步骤如下：

▶▶ 01

单击"文件"|"打开"命令，弹出"打开"对话框。

▶▶ 02

选择 wgwz 素材文档，单击"打开"按钮，打开文档。

▶▶ 03

单击"插入"|"布局对象"|"层"命令，即可在文档窗口中插入层。

2.　使用"插入"面板创建层

使用"插入"面板创建层的具体操作步骤如下：

▶▶ 01

在"插入"面板的"布局"选项卡上单击"绘制层"按钮 📄。

▶▶ 02

将光标定位于文档窗口中，按住鼠标左键并拖动鼠标。

▶▶ 03

至适当位置后释放鼠标，即可绘制层。

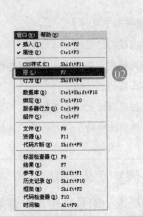

7.2.2　管理层

插入层后，需要对层进行管理。层的管理主要是指选择层、更改层的层叠顺序、更改层的可见性等操作。管理层的具体操作步骤如下：

▶▶ 01

选中目标层的边框线。

▶▶ 02

单击"窗口"|"层"命令，弹出"层"面板。

▶▶ 03

双击"层"面板上的"眼睛"图标 ，将该层设置为不可见状态。

层的可见性共有 3 种状态（默认状态、隐藏状态、显示状态），单击"眼睛"图标可在这 3 种状态间切换。

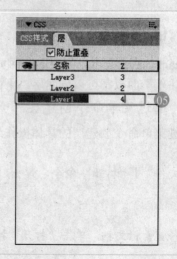

04

单击 Z 列上 Layer1 的数字。

05

输入 4，即可调整该层在文档中的层次顺序。

在 Z 列上单击层的数字，输入一个比当前数大的数，可使层在堆叠顺序中往后移；输入一个较小的数可往前移动。

7.2.3 操作层

在处理页面布局时，用户可以对层进行选择、移动、大小调整和对齐等操作。

1. 选择层

选择层的具体操作步骤如下：

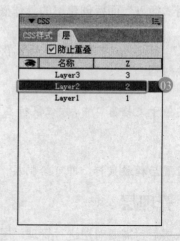

01

单击"窗口"|"层"命令。

02

打开"层"面板。

03

在"层"面板中单击该层的名称，即可选中该层。

加-油-站

选择层有如下几种方法：

● 单击层的边框线。

● 将光标置于层内，然后在状态栏上单击标签选择器中的〈div〉标签。

● 单击层的选择柄。

● 单击层面板上的层名称。

● 如果要选中两个以上的层，按住【Shift】键单击多个层名称，可将层同时选定。

2. 调整层的大小

调整层大小的具体操作步骤如下：

▶▶ 01

选中目标层，在层上显示有 8 个控制点。

▶▶ 02

在任意控制点上，按住鼠标左键并拖动鼠标，调整层大小。

▶▶ 03

释放鼠标即可完成调整层大小的操作。

 通过拖曳鼠标调整层大小的方式虽然非常方便，但不够精确。

加 油 站

　　除了通过拖曳鼠标调整层的大小外，还可以在"层"属性面板中修改宽、高属性值，精确调整层的大小。

3. 移动层

移动层的具体操作步骤如下：

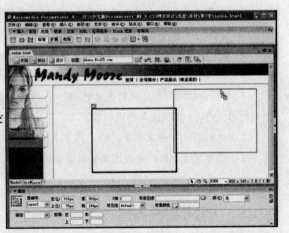

▶▶ 01

将鼠标指针移至目标层边框上，当其呈十字形时。

▶▶ 02

按住鼠标左键并拖动鼠标。

▶▶ 03

至目标位置后释放鼠标，即可移动层。

加 油 站

　　移动层还有下面几种方法：

　　● 选中目标图层，在层"属性"面板中，修改"左"、"上"文本框中的数值，可实现层位置的精确调整。

　　● 选中目标图层，按上、下、左或右的方向键移动层。每按一次方向键，将使层在该方向上移动 1 个像素值的位置。

　　● 选中目标图层，按住【Shift】键，再按上、下、左或右的方向键移动层。每按一次方向键，将使层在该方向上移动 10 个像素值的位置。

4. 对齐层

对齐层的具体操作步骤如下：

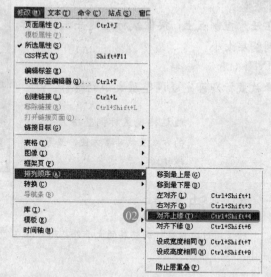

 01

选中目标层。

02

单击"修改"｜"排列顺序"｜"对齐上缘"命令，即可将所选层沿上缘对齐。

> 如果使用了嵌套层，当对层进行对齐操作时，未选定的子层会因为父层被选定并随着移动。
>
> 注意啦

加 油 站

　　层的对齐也可以直接在多层"属性"面板中设置左和上的值来确定左对齐和上部对齐。

　　层"属性"面板中主要参数的含义如下：

● 左：指定所选层的左侧相对于页或嵌套层左侧的位置。

● 上：指定所选层的上方相对于页或嵌套层上方的位置。

● 标签：指定用来定义所选层的 HTML 标签。分为 SPAN 和 DIV 两种，一般用到的层是 DIV，即以块的形式存在；SPAN 是行内标签。

　　在"排列顺序"子菜单中，除对齐上缘外还提供了移到最上层、移到最下层、左对齐、右对齐、对齐下缘、设成宽度相同、设成高度相同等多种对齐方式。

5. 改变层的可见性

　　层内可以包含所有的网页元素。通过改变层的可见性，可以控制层内元素的显示和隐藏。改变层可见性的具体操作步骤如下：

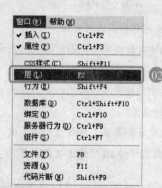

01

单击"文件"｜"打开"命令，打开 tc 素材文档。

02

单击"窗口"｜"层"命令，打开"层"面板。

03

单击"层"面板"名称"左侧的"眼睛"按钮，即可将各层设置为可见状态。

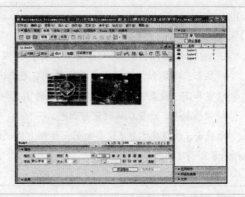

04

在相应层左侧的"眼睛"图标上双击鼠标左键，可将选择的层隐藏。

05

至此，即可完成改变层可见性操作。

注意啦　单击"层"面板"名称"左侧的"眼睛"按钮 ，可同时改变文档中所有层的可见性。

6. 改变层的 Z 轴顺序

层的重叠为制作一些特殊效果提供了非常方便的途径，而其重叠次序通常是用 Z 轴顺序来表示的。改变层 Z 轴顺序的具体操作步骤如下：

01

单击"窗口"|"层"命令。

02

打开"层"面板。

03

在"层"面板中选择目标层名称。

04

按住鼠标左键并拖动鼠标至目标位置。

05

释放鼠标，即可改变层 Z 轴的顺序。

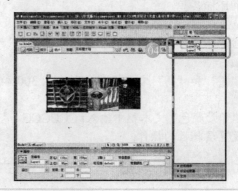

7.3　设置层参数和嵌套层

插入层后，可以设置层的属性，更改层参数。通过设置层参数，用户可以为新创建的层定义默认值。对层的属性设置可以在层的"属性"面板中进行。

7.3.1　层属性及属性面板

当层被插入时，其属性是默认的，但这些默认属性不是固定不变的，而是可以随时修改的，通过属性面板也可以对层属性进行设置。

1. 设置层参数

设置层参数的具体操作步骤如下：

01

单击"编辑"|"首选参数"命令，弹出"首选参数"对话框。

02

在"分类"列表框中选择"层"选项。

03

选中"如果在层中则使用嵌套"复选框。

04

单击"确定"按钮，即可完成设置层参数的操作。

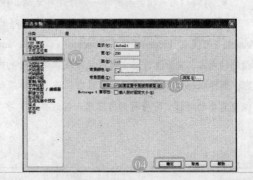

加 油 站

在"首选参数"对话框的"分类"列表中，"层"选项的主要含义如下：

● 显示：决定如何在画面中表现层。有 default、inherit、visible、hidden 4 个选项。

● 宽和高：设置使用菜单命令创建层的宽度和高度。

● 背景颜色：设置默认的背景颜色。

● 嵌套：使得在已有层边界内采用绘制方法创建的层成为嵌套层。本项设置对采用菜单命令插入和拖曳鼠标的方法创建的嵌套层没有影响。

2. 设置层属性

设置层属性的具体操作步骤如下：

▶ 01

选中目标层。

▶ 02

文档窗口下方将显示层的"属性"面板。

▶ 03

在"宽"和"高"文本框中分别输入 300 和 200。

▶ 04

在"背景颜色"文本框中输入#CCCCCC，即可完成设置层属性的操作。

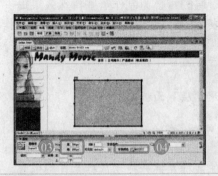

加 油 站

在层的"属性"面板中，主要选项的含义如下：

● 层编号：层的名称，用于识别不同的层。

● 左：层的左边界距离浏览器窗口左边界的距离。

● 上：层的上边界距离浏览器窗口上边界的距离。

● 宽和高：层的宽度和高度。

● Z 轴：层的 Z 轴顺序。

● 可见性：层的显示状态；包括 default（默认）、inherit（继承）、visible（可见）和 hidden（隐藏）4 个选项。选择 default 选项，则由浏览器的默认值来决定，大部分浏览器默认为 inherit 属性；选择 inherit 选项，则当层内包含子层时，子层将继承父层的属性；选择 visible 选项，将层设置为可见状态，子层的 visible 属性将不受父层影响；选择 hidden 选项，将层设置为不可见状态。

● 剪辑：用来指定层的哪一部分是可见的，输入的数值是距离层 4 个边界的距离。

● 溢出：如果层里面的元素太大或太多，层的大小不足以全部显示时，选择该选项指定显示方式，有 visible（可见）、hidden（隐藏）、scrool（滚动）、auto（自动）4 个选项。选择 visible 选项，指定在层中显示额外的内容，实际上该层会通过延伸来容纳额外的内容；选择 hidden 选项，指定不在浏览器中显示额外的内容；选择 scrool 选项，指定浏览器应在层上添加滚动条，而不管是否需要滚动条；选择 auto 选项，使浏览器仅在需要的时候（即当层的内容超出其边界时）才显示层的滚动条。

7.3.2　嵌套层

　　层也是可以进行嵌套的，嵌套层就是在一层中创建另一个层，通过层嵌套可以把层组合在一起。不过一个层完全处于另一个层的区域内，这不一定是嵌入层。嵌套层是指该层本身被包含在另一个层中，外层叫父层，内层叫子层。嵌套通常用于将层组织在一起，嵌套层可以随父层一起移动，并且可以设置为继承父层的可见性属性。

1.　通过菜单命令创建嵌套层

　　通过菜单命令创建嵌套层的具体操作步骤如下：

▶▶ 01

单击"文件"｜"打开"命令，弹出"打开"对话框。

▶▶ 02

选择 index 素材文档，单击"打开"按钮，打开文档。

▶▶ 03

单击"插入"｜"布局对象"｜"层"命令，创建一个层。

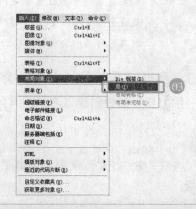

▶▶ 04

将插入点定位于新建的层内。

▶▶ 05

单击"插入"｜"布局对象"｜"层"命令，创建另一个层，即创建了嵌套层。

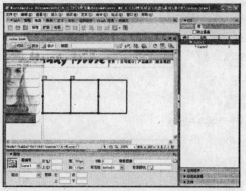

2.　使用"插入"面板创建嵌套层

　　使用"插入"面板创建嵌套层的具体操作步骤如下：

▶▶ 01

在"插入"面板的"布局"选项卡上单击"绘制层"按钮 。

▶▶ 02

在文档窗口中按住鼠标左键并拖动鼠标，在文档窗口中绘制层。

▶▶ 03

将插入点定位于新建的层内。

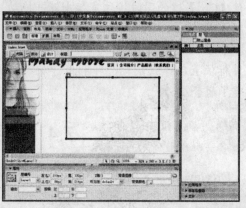

04

在"插入"面板的"布局"选项卡上单击"绘
制层"按钮圖。

05

按住鼠标左键并拖动鼠标，在层内绘制新的层。

06

释放鼠标，即创建了嵌套层。

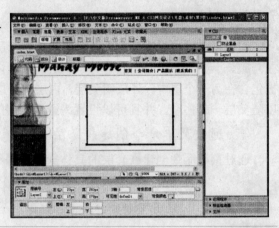

> 如果在层的参数设置中关闭了
> 层嵌套，可按住【Ctrl】键的同
> 时在已有层中绘制新的层。

注意啦

3. 利用"层"面板创建嵌套层

利用"层"面板创建嵌套层的具体操作步骤如下：

01

单击"文件"｜"打开"命令，弹出"打开"
对话框。

02

选择 tc 素材文档，单击"打开"按钮，打开
文档。

03

单击"窗口"｜"层"命令。

04

打开"层"面板。

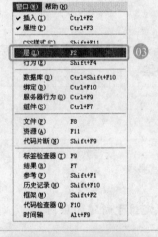

05

在"层"面板中选择目标层。

06

按住【Ctrl】键的同时按住鼠标左键并拖动
鼠标。

07

至目标位置后释放鼠标，即利用"层"面板
创建了嵌套层。

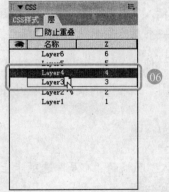

7.4　使用层的技巧

Dreamweaver 8 提供了层和表格相互转换功能，这在很大程度上方便了用户进行网页设
计，下面将分别介绍层和表格互换的方法。

7.4.1　将层转换为表格

利用层的易操作性，先对各个对象进行定位，然后将层转化为表格，从而保证低版本浏览器能够正常浏览页面。将层转换为表格的具体操作步骤如下：

01

单击"文件"｜"打开"命令，弹出"打开"对话框。

02

选择 xqgs 素材文档，单击"打开"按钮，打开文档。

03

单击"窗口"｜"层"命令，打开"层"面板。

04

在"层"面板中，按住【Shift】键的同时单击所有层名称，选中所有层。

05

单击"修改"｜"转换"｜"层到表格"命令。

06

弹出"转换层为表格"对话框。

07

选中"最小：合并空白单元"单选按钮。

08

单击"确定"按钮，即可将所选层转换为表格。

7.4.2　将表格转换为层

如果要改变网页中各元素的布局，而表格的灵活性受到一定限制，最灵活的方法就是将元素置于层内，然后通过移动层来灵活改变网页的布局，这就需要运用将表格转换为层的功能来实现该操作。

将表格转换为层的具体操作步骤如下：

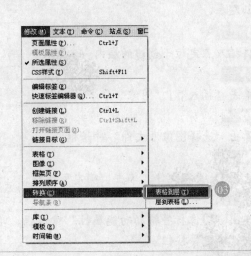

01

单击"文件"｜"打开"命令，弹出"打开"对话框。

02

选择 bg 素材文档，单击"打开"按钮，打开文档。

03

选中整个表格，单击"修改"｜"转换"｜"表格到层"命令。

04

弹出"转换表格为层"对话框。

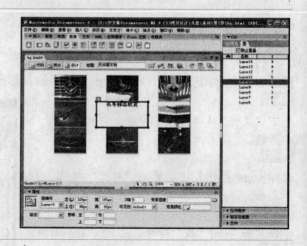

05

选中"防止层重叠"和"显示层面板"复选框。

06

单击"确定"按钮，即可将表格转换为层。

将表格转换为层时，空的表格单元不转换，而且表格之外的内容也会被置于层中。

7.5 学中练兵——新书推荐

层可以放置在页面的任意位置，并且可以实现网页元素的精确定位。本实例通过制作新书推荐文档，介绍了创建层、移动层、利用层布局等知识。

制作新书推荐文档的具体操作步骤如下：

01

单击"文件"|"打开"命令，弹出"打开"对话框。

02

选择 xstj 素材文档，单击"打开"按钮，打开文档。

03

将插入点定位在文档窗口的目标位置。

04

单击"插入"|"布局对象"|"层"命令，创建层。

05

将插入点定位于创建的层内。

06

单击"插入"|"图像"命令。

07

弹出"选择图像源文件"对话框。

08

选择 Dr 素材文件，单击"确定"按钮。

09

弹出"图像标签辅助功能属性"对话框，单击"确定"按钮。

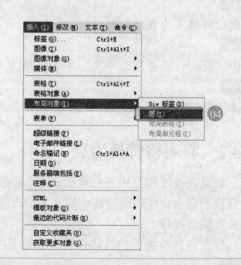

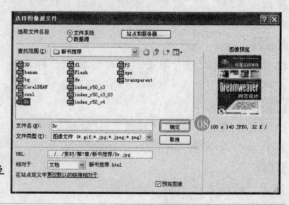

10

单击"窗口"|"层"命令，打开"层"面板。

11

在"层"面板中选择 Layer 1 层。

12

在层的任意控制点上按住鼠标左键并拖动鼠标，调整层大小与插入的图像大小匹配。

13

参照与上述相同的方法，创建 Layer 2、Layer 3 两个层，分别在这两层中插入素材 3D 和 PS 图像文件，并调整层的大小和位置。

14

按住【Shift】键的同时选择绘制的 3 个层。

15

单击"修改"|"排列顺序"|"左对齐"命令，左对齐层。

16

在"插入"面板的"布局"选项卡上单击"绘制层"按钮。

对齐命令是以多个目标层中最后被选定的那一层为基准的。

17

在文档窗口中的目标位置绘制层。

18

打开素材文档 DR.txt，并复制文档中的所有内容，然后粘贴到新绘制的层内。

19

按照与上述相同的方法，绘制层 Layer 5、Layer 6，并分别复制素材文档 3D.txt 和 PS.txt 中的所有内容，粘贴至 Layer 5、Layer 6 中。

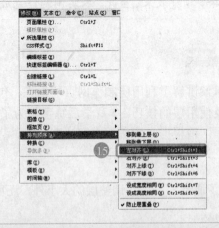

20

选择层 Layer 4、Layer 5、Layer 6，单击"修改"|"排列顺序"|"设成高度相同"命令。

21

按住【Shift】键的同时，在"层"面板中选择层 Layer 1、Layer 4，单击"修改"|"排列顺序"|"对齐上缘"命令，将图像与文本对齐。

22

用与上述相同的方法，分别将另外两幅图像与其相应的文本对齐。

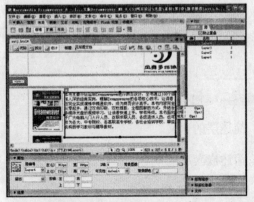

▶▶ 23

单击"文件"|"保存"命令，保存该文档。

▶▶ 24

单击"文件"|"在浏览器中预览"|IExplore 6.0 命令，预览效果。至此，本实例制作完成。

7.6　学后练手

本章讲解了利用层制作网页的知识，包括创建层、管理层、操作层、设置层参数、嵌套层以及使用层的技巧。本章学后练手是为了让读者更好地掌握和巩固利用层制作网页的知识与操作，请根据本章所学内容认真完成。

一、填空题

1．除了通过_____调整层的大小外，还可以在"层"属性面板中修改宽、高属性值，精确调整层的大小。

2．嵌套层是指该层本身被包含在另一个层中，外层叫_____，内层叫_____。

3．层内可以包含所有的网页元素。通过改变层的可见性，可以控制层内元素的_____和_____。

二、简答题

1．简述层的含义。

2．简述嵌套层的概念。

三、上机题

1．练习创建层。

2．练习层与表格的互换。

第 **8** 章

在网页中使用框架

本章学习时间安排建议：

总体时间为 3 课时，其中分配 2 课时对照书本学习在网页中使用框架的知识和操作，分配 1 课时观看多媒体教程并自行上机进行操作。

学有所成

学完本章，您应能掌握以下技能：

◇ 创建框架
◇ 选择框架和框架集
◇ 保存框架集和框架文件
◇ 设置框架和框架集属性

在一个网页中，并不是所有的内容都需要改变，如网页的导航栏、网页标题等部分是不需要改变的。如果在每个网页中都重复插入这些元素，会很浪费时间。在这种情况下，使用框架就可解决以上的问题。框架将浏览器窗口划分成几个部分，将一些不需要更新的元素放在一个框架内作为单独的网页文件，这个文件是不变的，其他经常更新的内容放在主框架内。可以简单地理解为，框架将显示窗口划分成许多子窗口，每个窗口内显示独立的文档。当浏览一个网页时，会发现网页的部分区域（如网页的标题或者导航栏）的内容不发生改变，而其他区域不断地更新内容。

8.1　创建框架

框架是一种更复杂的布局工具，作用就是将浏览器窗口分割成多个部分，每部分载入不同的网页文档，组合在一起构成一个完整的页面结构，各框架中的网页通过一定的链接关系被联系起来，可以在一个框架中控制另一个框架的动作。制作一个框架型网页主要分为两个步骤，首先是制作框架集文档（定义框架结构和各框架页 URL 地址的文档），接着就是制作框架集包含的各框架页文档，下面将介绍创建框架的方法。

8.1.1　创建框架集

框架集是在一个文档内定义一组框架结构的 HTML 网页，框架集定义了一个网页显示的框架数、框架的大小、载入框架的网页源和其他可定义的属性等。

在 Dreamweaver 8 中，有两种创建框架集的方法，用户既可以执行菜单命令创建，也可以在"插入"面板上创建。

1.　执行菜单命令创建框架集

执行菜单命令创建框架集的具体操作步骤如下：

▶▶ 01

将插入点定位在文档窗口的目标位置。

▶▶ 02

单击"修改"｜"框架页"｜"拆分左框架"命令，即可完成创建框架集的操作。

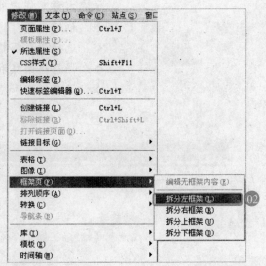

网页将被分为左右两个框架，这两个框架是独立的，保存页面时要先分别将它们保存。

2.　从"插入"面板中创建框架集

从"插入"面板中创建框架集的具体操作方法如下：

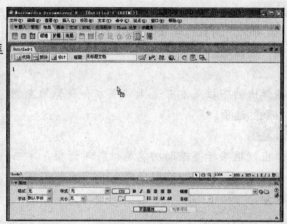

在"插入"面板的"布局"选项卡上单击"框架"按钮，即可创建框架集。

单击"框架"按钮，将其拖动至文档中的目标位置，再释放鼠标，也可创建框架集。

8.1.2　插入预定义框架

Dreamweaver 8 为用户预定义了 13 种框架集，使用预定义框架集可以轻易地创建需要的框架集，同时也是迅速创建基于框架布局的最简单方法。插入预定义框架有多种方法：

1．通过菜单命令插入预定义框架集

通过菜单命令插入预定义框架的具体操作步骤如下：

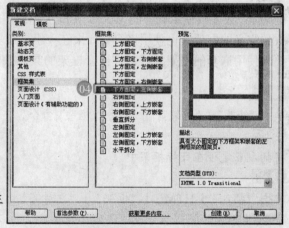

▶▶ 01

单击"文件"｜"新建"命令。

▶▶ 02

弹出"新建文档"对话框。

▶▶ 03

在"类别"列表框中选择"框架集"选项。

▶▶ 04

在"框架集"列表框中选择"下方固定，左侧嵌套"选项。

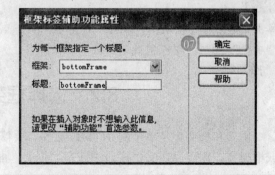

▶▶ 05

单击"创建"按钮。

▶▶ 06

弹出"框架标签辅助功能属性"对话框。

▶▶ 07

单击"确定"按钮，即可插入预定义框架集。

2．从"插入"面板中插入预定义框架集

从"插入"面板中插入预定义框架集的具体操作步骤如下：

01

在"插入"面板中单击"布局"选项卡上的"框架"按钮□·。

02

在弹出的下拉菜单中选择"下方和嵌套的左侧框架"选项。

03

弹出"框架标签辅助功能属性"对话框，单击"确定"按钮，即可完成插入预定义框架集的操作。

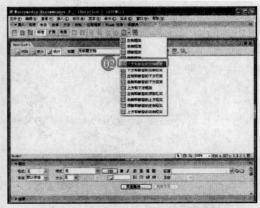

加—油—站

单击"插入" | HTML | "框架"命令，在弹出的子菜单中选择框架集类型，也可插入预定义框架集。

8.1.3　创建嵌套框架集

在一个框架集之内的框架集被称做嵌套的框架集。一个框架集文件可以包含多个嵌套的框架集。大多数使用框架的 Web 页实际上都使用嵌套的框架，并且在 Dreamweaver 8 中大多数预定义的框架集也使用嵌套。如果在一组框架里不同行或不同列中有不同数目的框架，则要求使用嵌套的框架集。创建嵌套框架的具体操作步骤如下：

01

单击"修改" | "框架页" | "拆分上框架"命令。

02

将插入点定位在目标框架中。

03

单击"插入" | HTML | "框架" | "左对齐"命令。

04

弹出"框架标签辅助功能属性"对话框，单击"确定"按钮，即可完成创建嵌套框架操作。

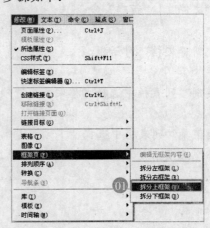

8.2　选择框架和框架集

框架和框架集是单个的 HTML 文件。要修改框架或框架集，首先应选择要修改的框架或框架集，这可以在文档窗口中或在"框架"面板中选择框架和框架集。

8.2.1　"框架"面板

单击"窗口" | "框架"命令，打开"框架"面板。在"框架"面板中，提供了框架集

内各框架的可视化表现形式。"框架"面板能够显示框架集的层次结构，而这种层次在文档窗口中的显示可能不够直观。

在"框架"面板中，环绕每个框架集的边框非常粗；而环绕每个框架的是较细的灰线，并且每个框架由框架名称标识。

8.2.2　在"框架"面板中选择框架或框架集

选择框架主要包括选择一个框架和选择框架集。

1．选择框架

在"框架"面板中选择框架的具体操作步骤如下：

01
单击"窗口"｜"框架"命令。

02
打开"框架"面板。

03
在"框架"面板中单击目标框架，即可选择该框架。

2．选择框架集

在"框架"面板中选择框架集的具体操作步骤如下：

01
单击"窗口"｜"框架"命令。

02
打开"框架"面板。

03
在"框架"面板中单击整个框架集的边框，即可选中该框架集。

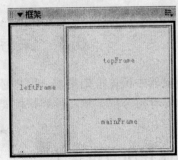

8.2.3　在文档窗口中选择框架或框架集

在文档窗口中单击框架的边框线，即可选择框架或框架集。

1．选择框架

在文档窗口中选择框架的具体操作方法如下：

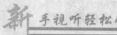

在文档窗口中，按住【Alt】键的同时，单击目标框架，即可选中框架。

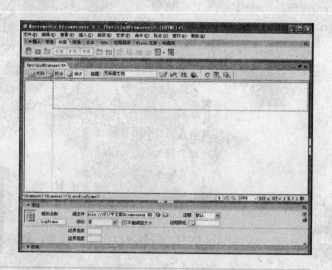

按住【Alt】键，再按方向键，可进行框架的选择，被选中的框架边框内侧会出现虚线。

2. 选择框架集

在文档窗口中选择框架集的具体操作步骤如下：

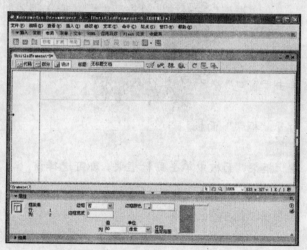

▶▶ 01

在文档窗口中，将鼠标指针移至框架集的边框线或中间线上。

▶▶ 02

当鼠标指针呈左右或上下箭头时，单击鼠标左键，即可选中框架集。

8.3 保存框架集和框架文件

在浏览器中预览框架集前，用户必须保存框架集文件以及要在框架中显示的所有文档。可以单独保存每个框架集文件和带框架的文档，也可以同时保存框架集文件和框架中出现的所有文档。

8.3.1 保存所有框架集

单击"文件"|"保存全部"命令，可保存所有的文件，执行该命令将保存框架集中打开的所有文档，包括框架集文件和所有带框架的文档。如果该框架集文件未保存过，在"设计"视图中的框架集周围将出现粗边框，并且会出现一个对话框，用户只需从中设置文件名并进行保存即可。

保存所有框架集的具体操作步骤如下：

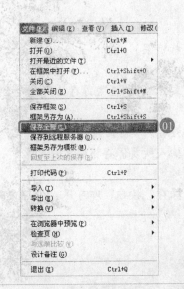

01

单击"文件"|"保存全部"命令，整个框架边框的内侧会显示选择线，并弹出"另存为"对话框。

02

在"文件名"下拉列表框中输入所要保存的框架集文档的名称。

03

单击"保存"按钮，保存整个框架集。

04

依次单击"保存"按钮，保存其他框架。

加 油 站

Dreamweaver 8首先保存整个框架集，框架集边框显示选择线，在保存文件对话框的"文件名"下拉列表框中提供临时文件名 UntitledFrameset-1，用户可以根据需要修改保存文件的名称，随后则保存框架，"文件名"下拉列表框中的文件名则变为 UntitledFrame-n（n 依框架的个数的不同而不同），文档窗口中的选择线也会自动地移到对应被保存的框架中，据此可以知道正在保存的是哪一个框架。

8.3.2　保存框架集文件

保存框架集文件的具体操作步骤如下：

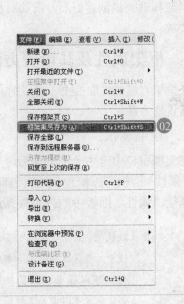

01

选中整个框架集。

02

单击"文件"|"框架集另存为"命令。

03

弹出"另存为"对话框，在"文件名"下拉列表框中输入所要保存的框架集文档的名称。

04

单击"保存"按钮，即可保存框架集文件。

8.3.3　保存框架文件

保存框架文件的具体操作步骤如下：

▶ 01

选中目标框架。

▶ 02

单击"文件"|"框架另存为"命令。

▶ 03

弹出"另存为"对话框，在"文件名"下拉列
表框中输入所要保存框架文档的名称。

▶ 04

单击"保存"按钮，即可保存框架文件。

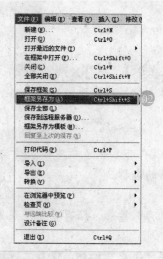

加—油—站

　　所有框架集的文件保存完毕后，将得到 4 个文件。框架集文件（index.html）：也是一个 HTML 文件，它定义了页面显示的框架数、框架的大小、载入框架的源文件，以及其他可以定义的属性等信息；框架文件（mail.html、left.html、top.html）：实际上是在框架内的网页文件，只不过是新创建时主体部分不含任何内容，即是一个空的 HTML 文件。

8.4　框架和框架集属性

　　框架和框架集创建好后，需要对框架和框架集的相关属性进行一些必要的设置，以达到设计要求。

8.4.1　框架属性及其设置方法

　　在框架"属性"面板上，可以对框架和框架集的属性进行设置，下面分别介绍框架的属性及其设置方法。

1. 框架属性

　　在文档窗口中选中一个框架后，单击"窗口"|"属性"命令，打开框架"属性"面板。框架"属性"面板可以检查和编辑当前选定页面元素（如文本和插入的对象）的最常用属性，并且框架"属性"面板中的内容根据选定的元素会有所不同。

　　默认情况下，"属性"面板位于工作区的底部，如果需要，可以移至工作区的顶部，或者可以变为工作区中的浮动面板。

注意啦

　　在框架"属性"面板中，各主要选项的含义如下：

> ➢ 框架名称：链接 target 属性或脚本在引用该框架时所用的名称。
> ➢ 源文件：用于指定在框架中显示的源文件。单击"浏览"按钮🗁，可以选择一个文件图标。
> ➢ 边框：用于设置是否有边框，其中包括"默认"、"是"和"否"3 个选项。选择"默认"选项，将由浏览器端的设置来决定。
> ➢ 滚动：用于指定在框架中是否显示滚动条，其中包括"是"、"否"、"自动"和"默认"4 个选项。将此选项设置为"默认"将不设置相应属性的值，从而使浏览器使用其默认值。大多数浏览器默认为自动，这意味着只有在浏览器窗口中没有足够空间来显示当前框架的完整内容时才显示滚动条。
> ➢ 不能调整大小：用于设置在浏览器中是否可以通过拖曳鼠标调整框架的尺寸大小。
> ➢ 边框颜色：用于为所有框架的边框设置边框颜色。此颜色应用于与框架接触的所有边框，并且重写框架集的指定边框颜色。
> ➢ 边界宽度：用于设置左、右边界与内容之间的距离，以像素为单位。
> ➢ 边界高度：用于设置上、下边框与内容之间的距离，以像素为单位。

2. 设置框架属性

设置框架属性的具体操作步骤如下：

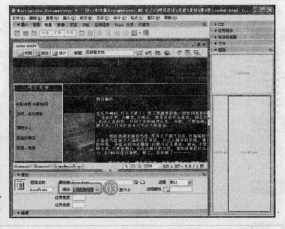

01

选中目标框架。

02

文档窗口下方将显示框架"属性"面板。

03

在框架"属性"面板中单击"滚动"下拉列表框右侧的下拉按钮✓，在弹出的下拉列表中选择"否"选项，即可设置框架属性。

8.4.2　框架集属性及其设置方法

在文档窗口中，选中一个框架集后，单击"窗口"|"属性"命令，弹出框架集的"属性"面板，可以设置框架集的边框和框架大小。

1. 框架集属性

在框架集"属性"面板中单击右下角的展开箭头可以查看所有的框架集属性。

设置框架属性将改变框架集中该框架的属性。例如，在框架中设置的边框属性将改变在框架集中设置的边框属性。

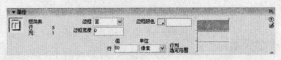

在框架集"属性"面板中，主要选项的含义如下：

> 　边框：用于设置是否有边框，选择"默认"选项，将由浏览器端的设置来决定。
> 　边框宽度：用于设置整个框架集的边框宽度，以像素为单位。
> 　边框颜色：用于设置整个框架集的边框颜色。
> 　行或列："属性"面板中显示的是行还是列，是由框架集的结构而定的。
> 　单位：行、列尺寸的单位，包括"像素"、"百分比"和"相对"3个选项。

2. 设置框架集属性

对框架集的设置主要是调整各组成框架的大小，设置边框宽度、颜色等，这些设置都是在框架集"属性"面板中进行。

设置框架集属性的具体操作步骤如下：

01
单击"文件"｜"打开"命令，弹出"打开"对话框。

02
选择 index 素材文档，单击"打开"按钮，打开文档。

03
单击"窗口"｜"框架"命令，打开"框架"面板。

04
选中整个框架集，文档窗口下方将显示框架集"属性"面板。

05
在框架"属性"面板中单击"边框"右侧的下拉按钮，在弹出的下拉列表中选择"是"选项。

06
单击"边框颜色"右侧的按钮。

07
弹出调色板，在颜色列表框中设置"边框颜色"为红色。

08
在"边框宽度"文本框中输入2，即可设置框架集的边框宽度属性。

当边框宽度为0时，如果设置"边框"为"是"，则会出现一定宽度的默认边框；如果为"否"，则相邻两个框架页之间无缝地结合。

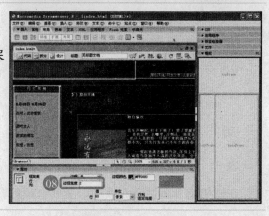

在框架集"属性"面板的"单位"列表框中，主要选项的含义如下：

● 像素：将选定列或行的大小设置为一个绝对值。对于应始终保持相同大小的框架（如导航条）而言，此选项是最佳选择。设置框架大小的最常用方法是将左边框架设定为固定像素宽度，将右边框架大小设置为相对大小，这样在分配像素宽度后，右边框架能够伸展以占据所有剩余空间。

● 百分比：指定选定的列或行应相当于其框架集的总宽度或总高度的百分比。以"百分比"为单位的框架分配空间是在以"像素"为单位的框架之后，但在将单位设置为"相对"的框架之前。

● 相对：指定在为"像素"和"百分比"框架分配空间之后，为选定的行或列分配其余可用的空间，剩余的空间在大小设置为"相对"的框架中按比例划分。

8.4.3　改变框架背景颜色

由于每一个框架都包含一个文档，因此在设置框架的背景色时，需要逐个设置文档的页面属性和每个框架的页面属性。改变框架背景颜色的具体操作步骤如下：

▶▶ 01

将插入点定位在目标框架中。

▶▶ 02

单击"修改"｜"页面属性"命令。

▶▶ 03

弹出"页面属性"对话框。

在文档窗口下方单击"属性"面板中的"页面属性"按钮，也会弹出"页面属性"对话框。

▶▶ 04

在"分类"列表框中选择"外观"选项。

▶▶ 05

单击"背景颜色"右侧的 按钮。

▶▶ 06

弹出调色板，在颜色列表中设置"背景颜色"为白色。

▶▶ 07

单击"确定"按钮，即可设置框架背景颜色。

8.4.4 设置框架中的链接

要在一个框架中使用链接打开另一个框架中的文档，必须设置链接目标。为框架设置链接的具体操作步骤如下：

01

选中目标框架页面中相应栏目的文字。

02

单击"插入"|"超级链接"命令。

03

弹出"超级链接"对话框。

04

单击"链接"右侧的"浏览"按钮 📁。

05

弹出"选择文件"对话框，选择目标文件。

06

单击"确定"按钮，返回"超级链接"对话框。

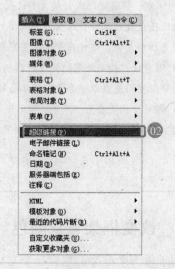

07

单击"目标"下拉列表框右侧的下拉按钮 ✓，在弹出的下拉列表中选择 mainFrame 选项，单击"确定"按钮，完成链接定义。

08

保存文件后，单击"文件"|"在浏览器中预览"| IExplore 6.0 命令，打开"IE 浏览器"窗口。

09

在设置的超链接上单击鼠标左键，即可打开所链接的网页。

加 油 站

在"超级链接"对话框的"目标"列表框中，主要选项的含义如下：

- _blank：在新的浏览器窗口中打开链接的文档，同时保持当前窗口不变。
- _parent：在显示链接框架的父框架集中打开链接文档，同时替换整个框架集。
- _self：在当前框架中打开链接，同时替换该框架中的内容。
- _top：在当前浏览器窗口中打开链接的文档，同时替换所有框架。

8.4.5 拆分框架

通过拆分框架，可以增加一个框架集内的框架数量。在文档中不断插入框架，实际上就是建立含框架嵌套的框架集，拆分框架的具体操作步骤如下：

▶▶ 01

将插入点定位在目标框架中。

▶▶ 02

单击"修改"｜"框架页"｜"拆分上框架"命令，即可完成拆分框架的操作。

在文档窗口的框架边框上，按住鼠标左键并拖动鼠标，可以垂直或水平拆分框架。

8.4.6　改变框架大小

框架的大小关系到各个框架是否能够将图像无缝拼接为一个完整的图像。改变框架大小的具体操作步骤如下：

▶▶ 01

选中目标框架，在文档窗口下方将显示框架"属性"面板。

▶▶ 02

在"边界高度"文本框中输入 100，即可改变所选框架的高度尺寸。

加 油 站

在框架"属性"面板中取消选择"不能调整大小"复选框，然后将鼠标指针移至框架之间的分界线上，按住鼠标左键并拖动鼠标，也可调整框架大小。

8.5　学中练兵——制作游戏网站

使用框架建设网站的最大特点就是使网站的风格能够保持统一，把网站中众多网页相同的部分单独制作成一个页面，作为框架结构的一个子框架内容，供整个站点使用，通过这种方法来达到网站整体风格的统一。

本实例通过利用框架制作游戏网站文档，主要介绍创建框架、保存框架、选择框架和编辑框架等知识。制作游戏网站的具体操作步骤如下：

▶▶ 01

单击"文件"｜"新建"命令。

▶▶ 02

弹出"新建文档"对话框。

▶▶ 03

在"类别"列表框中选择"框架集"选项。

▶▶ 04

在"框架集"列表框中选择"上方固定，左侧嵌套"选项。

▶▶ 05

单击"创建"按钮。

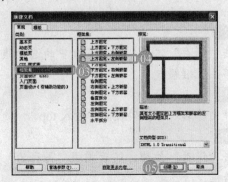

加 油 站

新建空白文档后，单击"插入"｜HTML｜"框架"｜"上方及左侧嵌套"命令，或在"插入"面板中单击"布局"选项卡上的"框架"按钮，在弹出的菜单中选择"顶部和嵌套的左侧框架"选项，都可以创建框架。

06

弹出"框架标签辅助功能属性"对话框，单击"确定"按钮，在文档中插入预定义框架集。

07

单击"文件"｜"保存全部"命令。

08

整个框架边框的内侧会显示选择线，并弹出"另存为"对话框。

09

在"文件名"下拉列表框中输入 yxwz。

10

单击"保存"按钮，文档窗口中的选择线将移至右框架中。

11

在"文件名"下拉列表框中输入 main。

12

单击"保存"按钮，文档窗口中的选择线将移至左框架中。

13

在"文件名"下拉列表框中输入 left。

14

单击"保存"按钮，文档窗口中的选择线将移至上框架中。

15

在"文件名"下拉列表框中输入 top。

16

单击"保存"按钮，然后关闭"另存为"对话框。

17

单击"窗口"|"框架"命令，打开"框架"面板。

18

在"框架"面板上单击 topFrame，选择上框架。

19

在框架"属性"面板中单击"源文件"文本框右侧的"浏览文件"按钮。

20

弹出"选择 HTML 文件"对话框，选择 top1 素材文档。

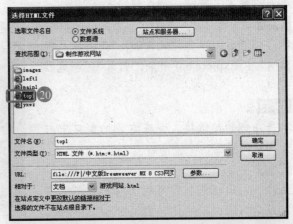

21

单击"确定"按钮。

22

在框架"属性"面板中，单击"滚动"下拉列表框右侧的下拉按钮，在弹出的下拉列表中选择"否"选项。

23

参照与上述相同的方法，分别将 left1 和 main1 素材文档插入到左框架和右框架中，调整框架大小并设置"滚动"均为"否"。

24

在框架页中选择相应文字。

25

单击"插入"|"超级链接"命令。

26

弹出"超级链接"对话框。

27

单击"链接"下拉列表框右侧的"浏览"按钮。

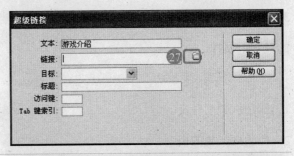

28

弹出"选择文件"对话框，选择需要的文件。

29

单击"确定"按钮，返回"超级链接"对话框。

30

单击"目标"下拉列表框右侧的下拉按钮，在弹出的下拉列表中选择 mainFrame 选项。

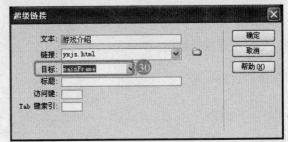

▶▶ 31

单击"确定"按钮，插入超链接。

▶▶ 32

保存文件后，单击"文件"|"在浏览器中预览"| IExplore 6.0 命令，打开 IE 浏览器窗口。

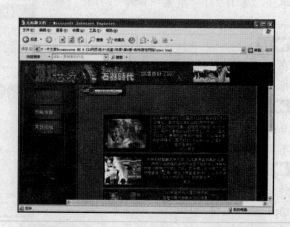

▶▶ 33

单击左侧的超链接，会在右侧的窗口中打开相应的页面。

▶▶ 34

至此，利用框架制作游戏网站的实例制作完成。

8.6　学后练手

本章讲解了在网页中使用框架的知识，包括创建框架、选择框架和框架集、保存框架集和框架文件，设置框架属性等。本章学后练手是为了让读者更好地掌握和巩固框架的操作知识，请根据本章所学内容认真完成。

一、填空题

1. _____定义了一页网页显示的框架数、框架的大小、载入框架的网页源和其他可定义的属性等。

2. 制作一个框架型网页主要分为两个步骤，首先是制作_____，接着就是制作框架集包含的_____。

3. 框架"属性"面板可以_____和_____当前选定页面元素（如文本和插入的对象）的最常用属性。

二、简答题

1. 简述框架的含义。

2. 简述框架集的概念。

三、上机题

1. 练习创建嵌套框架。

2. 练习设置框架中的链接。

第 9 章

套用模板和库

本章学习时间安排建议：

　　总体时间为 3 课时，其中分配 2 课时对照书本学习套用模板和库的知识与各项操作，分配 1 课时观看多媒体教程并自行上机进行操作。

学完本章，您应能掌握以下技能：

◇　了解模板和库的使用方法

◇　运用模板

◇　使用库

在进行大量的页面制作时，很多页面会用到相同的布局、图片和文字等元素，为了避免一次次地重复操作，可以使用 Dreamweaver 提供的模板和库功能将具有相同版面的页面制作成模板，将相同的元素制作成库项目，以便随时调用。本章将介绍创建模板和库、运用模板、使用库等知识。

9.1　Dreamweaver 模板和库

在架设一个网站时，通常会根据网站的需要设计一套风格一致、功能相似的页面。使用 Dreamweaver 的模板功能有助于用户设计出风格一致的网页。通过模板来创建和更新网页，不仅可以大大地提高工作的效率，而且维护网站也会变得更加轻松。

在架设网站的实践中，有的时候要把一些网页元素应用在数十个甚至数百个页面上。当要修改这些多次使用的页面元素时，如果要逐页地修改那是相当费时费力的。而使用 Dreamweaver 的库项目，就可以大大地减轻这种重复的操作，从而省去许多麻烦。

9.1.1　认识模板

模板可以被理解为一种模型，用这种模型可以方便地制作出很多页面，在模板的基础上可以对每个页面进行改动，加入个性化的内容。为了统一风格，一个网站中的很多页面都会用到相同的页面元素和排版方式，使用模板可以避免重复操作。当网站进行改版的时候，只需要修改模板的设计，就能自动更改所有基于这个模板的网页。可以说，模板最方便有效的用途之一就在于可以一次更新多个页面。

模板也不是一成不变的，即使是已经使用一个模板创建文档之后，也还可以对该模板进行修改。在更新模板后，使用该模板创建的，那些文档中的对应内容也会被更新，并会与模板的修改相匹配。

9.1.2　认识库

Dreamweaver 8 允许把网站中需要重复使用或需要经常更新的页面元素（如图像、文本或其他对象等）存入库中，存入库中的元素也被称为库项目，需要时可以把库项目拖动至文档中。这时 Dreamweaver 8 会在文档中插入该库项目的 HTML 源代码的一份拷贝，并创建一个对外部库项目的引用。Dreamweaver 8 允许用户为每个站点定义不同的库，而通过修改库项目，可以实现整个网站各个页面上与库项目相关内容的一次性更新，既方便又快捷。

库是网页中的一段 HTML 代码，而模板本身则是一个文件。Dreamweaver 8 将库项目存放在每个站点的本地根目录下的 Library 文件夹中，扩展名为.lbi,而将所有模板文件都存放在站点根目录下的 Templates 子目录中，扩展名为 dwt。

9.2　运用模板

模板实质上是作为创建其他文档的基础文档，使用模板创建文档可以使网站和网页具有统一的结构和外观，而从模板创建的文档与该模板保持链接状态，可以修改模板并更新所有利用该模板创建的网页，下面介绍运用模板的方法。

9.2.1 创建模板

在 Dreamweaver 8 中创建和使用模板非常容易，创建一个模板有两种方法，可以从新建的空白 HTML 文档中创建模板，也可以把现有的 HTML 文档保存为模板，然后通过适当的修改使之符合要求。下面将具体介绍创建模板的方法。

1. 在"资源"面板中创建模板

在"资源"面板中创建模板的具体操作步骤如下：

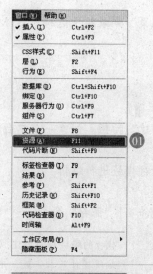

01

单击"窗口"|"资源"命令。

02

打开"资源"面板。

03

在"资源"面板中单击"模板"按钮，切换到"模板"子面板。

04

单击"模板"子面板右上角的菜单按钮。

05

在弹出的菜单中选择"新建模板"选项。

06

在该面板下方的浏览窗口中，将显示一个未命名的模板文件。

07

双击该模板，打开模板文档编辑窗口并进行编辑。

08

单击"文件"|"保存"命令，即可创建模板。

加－油－站

按【Ctrl＋S】组合键，可以快速将模板保存，系统将自动在根目录下创建 Templates 文件夹，并将创建的模板文件保存在该文件夹中。

2. 使用菜单命令创建模板

使用菜单命令创建模板的具体操作步骤如下：

01
单击"文件"|"新建"命令。

02
弹出"新建文档"对话框。

03
在"常规"选项卡的"类别"列表框中选择"模板页"选项。

04
在"模板页"列表框中选择"HTML 模板"选项。

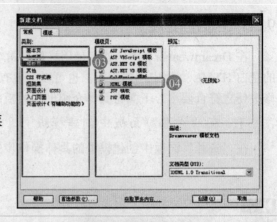

05
单击"创建"按钮，创建一个空白模板。

06
在文档中对模板进行编辑。

07
单击"文件"|"保存"命令。

注意啦

模板的编辑和 HTML 文档的编辑操作基本一致，用户可根据具体需要设计版面。

08
弹出"另存为模板"对话框，选择要保存的站点。

09
在"另存为"文本框中输入模板名称。

10
单击"保存"按钮，即可创建模板。

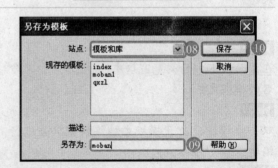

加 油 站

在创建模板前，用户需先创建站点，因为模板必须保存在站点中，否则创建模板时系统将提示用户创建站点。创建模板有将现有网页另存为模板和直接创建空白模板两种方式。如果其他站点中已有模板，用户只需在"新建文档"对话框的"模板页"选项区中选择所需模板，然后单击"创建"按钮，即可通过该模板创建新模板并进行编辑。

3. 将现有的文档存为模板

将现有文档存为模板的具体操作步骤如下：

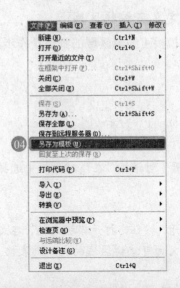

01

单击"文件"|"打开"命令。

02

弹出"打开"对话框,选择目标文件。

03

单击"打开"按钮,打开文档。

04

单击"文件"|"另存为模板"命令。

05

弹出"另存为模板"对话框。

06

在"另存为"文本框中输入模板名称。

07

单击"保存"按钮。

08

弹出提示信息框,单击"是"按钮,即可创建模板。

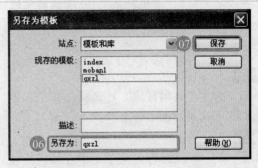

加 油 站

使用模板有以下优点:

● 模板可以从任意的网页中创建。

● Dreamweaver 模板结合了锁定和可编辑的区域,可编辑区域必须单独定义。

● 一旦模板被发布,就可以使用它来创建新的文档。

● 使用 Dreamweaver 的重复区域,可以在不修改表格结构的情况下,添加或删除表格中的数据。

● 使用 Dreamweaver 的可选区域,可以显示或隐藏每一个源自于模板的文档内容。

● 嵌套模板可以用来在结构上组织锁定的和可编辑的内容。

● 如果相应模板发生改变,那么从该模板所创建的页面会自动更新。

● Dreamweaver 使用的默认模板可以被修改,用户每次单击"文件"|"新建"命令,然后选择文件类型,会创建一个自定义模板的新版本。

9.2.2 定义和取消可编辑区域

模板创建好之后,用户可以根据需要对模板中的内容进行编辑,指定哪些内容可以编辑,哪些内容不能编辑。

1. 定义可编辑区域

定义模板可编辑区域的具体操作步骤如下：

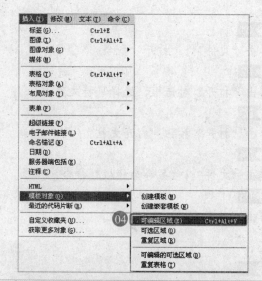

▶ 01

单击"文件"|"打开"命令。

▶ 02

弹出"打开"对话框，在该对话框中选择目标模板。

▶ 03

单击"打开"按钮，打开模板文档，在文档中选择要定义为可编辑区域的文本或表格。

▶ 04

单击"插入"|"模板对象"|"可编辑区域"命令。

▶ 05

弹出"新建可编辑区域"对话框，在"名称"文本框中输入该区域的名称。

▶ 06

单击"确定"按钮，即定义了一个可编辑区域。

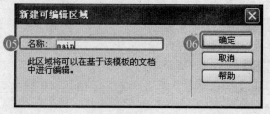

加 油 站

在"新建可编辑区域"对话框的"名称"文本框中，不能使用双引号、单引号、小于号、大于号，及&等特殊字符。每个可编辑区域都必须有一个唯一的名称，但是名称的不同仅限于同一个页面内，不同模板的对象、JavaScript 函数或可编辑区域可以使用相同的名称。

2. 定义可编辑的重复区域

重复区域是指可以在文档内重复添加的区域，定义可编辑重复区域的具体操作步骤如下：

▶ 01

在模板文档中选中一行。

▶ 02

单击"插入"|"模板对象"|"可编辑区域"命令，弹出"新建可编辑区域"对话框。

▶ 03

在"名称"文本框中输入该区域的名称，单击"确定"按钮，新建可编辑区域。

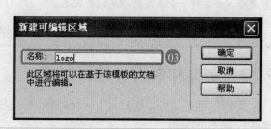

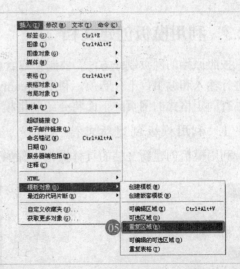

▶▶ 04

重新选中该行。

▶▶ 05

单击"插入"|"模板对象"|"重复区域"命令，弹出"新建重复区域"对话框。

▶▶ 06

在"名称"文本框上输入该区域名称。

▶▶ 07

单击"确定"按钮，即定义了一个可编辑重复区域。

加－油－站

　　默认情况下，重复区域是不可编辑的，如果用户需要设置重复区域为可编辑的，只需选择重复区域内的内容（不是重复区域本身），然后创建一个可编辑区域即可。

　　对于系统为可编辑区域提供的默认名称，用户可以通过选择模板中该区域的标签，然后在属性检查器中进行修改。

　　重复区域和可编辑区域的标签是重叠的，这样使得查看重复区域的名称变得很困难。但如对重复区域使用一个相当长的名称，例如 dataRowRepeating，同时给可编辑区域输入一个相关的短名称，如 dataRow，这样使用时还是很方便的。

---

3. 取消可编辑区域

取消可编辑区域的具体操作步骤如下：

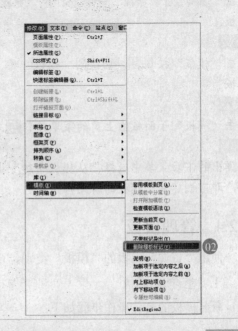

▶▶ 01

在模板文档中选中可编辑区域。

▶▶ 02

单击"修改"|"模板"|"删除模板标记"命令，即可取消可编辑区域。

删除模板标记后，该区域将变成锁定区，用户将无法在该区域内进行内容的编辑。

9.2.3 利用模板创建文档

按照原始的网页制作方法，要制作包含相同内容的多个页面时，不得不在每个网页中重复进行输入和编辑，十分麻烦。利用 Dreamweaver 8 提供的模板功能，可以很方便地批量生成具有固定格式的网页。下面将介绍利用模板创建文档的方法。

1. 利用模板创建新文档

利用模板创建新文档的具体操作步骤如下：

▶01
单击"文件" | "新建"命令，弹出"新建文档"对话框。

▶02
单击"模板"选项卡。

▶03
在"模板用于"列表框中选择目标站点，在右侧的列表框中选择模板文件。

▶04
单击"创建"按钮，即可利用模板创建新文档。

2. 在"资源"面板中创建基于模板的新文档

在"资源"面板中创建新文档的具体操作步骤如下：

▶01
单击"窗口" | "资源"命令，打开"资源"面板。

▶02
单击"模板"按钮，切换到"模板"子面板。

▶03
单击"模板"子面板右上角的菜单按钮。

▶04
在弹出的下拉菜单中选择"从模板新建"选项，即可创建基于模板的新文档。

9.2.4 管理模板

使用"资源"面板的"模板"类别，可以管理现有模板，下面介绍管理模板的方法。

1. 重命名模板

命名模板的具体操作步骤如下：

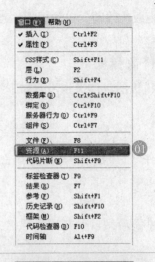

 01

单击"窗口"｜"资源"命令。

▶ 02

打开"资源"面板。

▶ 03

在"模板"子面板中选择目标模板。

▶ 04

单击"模板"子面板右上角的菜单按钮。

▶ 05

在弹出的下拉菜单中选择"重命名"选项。

▶ 06

输入新名称，按【Enter】键确认，即可对模板重命名。

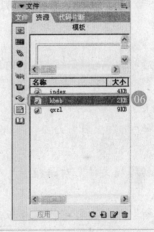

注意啦　在"模板"子面板中选择目标模板，单击鼠标右键，弹出快捷菜单，选择"重命名"选项，输入新名称，也可重命名模板。

2. 删除模板

删除模板的具体操作步骤如下：

▶ 01

单击"窗口"｜"资源"命令，打开"资源"面板。

▶ 02

在"模板"子面板中选择目标模板。

▶ 03

单击"模板"子面板右上角的菜单按钮。

▶ 04

在弹出的下拉菜单中选择"删除"选项，弹出提示信息框，单击"是"按钮，即可删除所选模板。

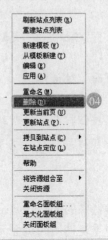

9.2.5　修改模板和更新站点

某些时候，需要对应用于网页中的模板进行修改编辑，在模板修改完成后，Dreamweaver

8 将根据模板的改动，自动更新站点中应用了该模板的网页。下面介绍修改模板和更新站点的方法。

1. 修改模板

修改模板的具体操作步骤如下：

▶ 01

单击"文件"|"打开"命令，弹出"打开"对话框，选择目标文档。

▶ 02

单击"打开"按钮，打开该文档。

▶ 03

单击"修改"|"模板"|"打开附加模板"命令。

▶ 04

打开模板后根据需要修改模板的内容。

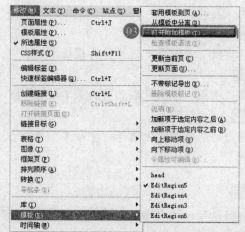

▶ 05

单击"文件"|"保存"命令。

▶ 06

弹出"更新模板文件"对话框。

▶ 07

单击"更新"按钮，即可修改模板。

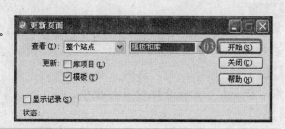

2. 更新站点

更新站点的具体操作步骤如下：

▶ 01

单击"修改"|"模板"|"更新页面"命令。

▶ 02

弹出"更新页面"对话框。

▶ 03

单击"开始"按钮，即可更新站点。

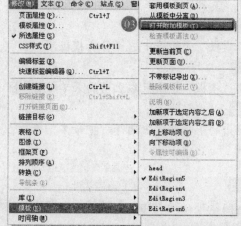

9.3　使用库

库是一种特殊的 Dreamweaver 文件，库中可以存储各种各样的页面元素，库项目是可以在多个页面中重复使用的页面元素。每当更改某个库项目的内容时，都会更新所有使用该项目的页面。使用库项目时，Dreamweaver 8 不是在网页中插入库项目，而是向库项目中插入一个链接，以后更新库项目时将自动在任何已经插入该项目的页面中更新库的实例。下面将介绍使用库的方法。

9.3.1　创建库项目

创建库项目有两种方法，一是新建库项目并编辑其内容，二是将已经制作好的网页内容转化为库项目。下面将介绍创建库项目的方法。

1．使用"库"面板创建库项目

使用"库"面板创建项目的具体操作步骤如下：

▶ 01

单击"窗口"｜"资源"命令，打开"资源"面板。

▶ 02

在"资源"面板中单击"库"按钮，切换到"库"子面板。

▶ 03

单击"库"子面板右上角的菜单按钮，在弹出的下拉菜单中选择"新建库项"选项。

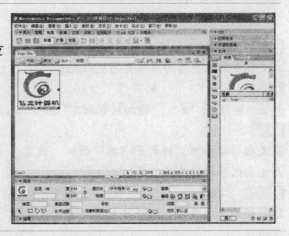

▶ 04

新建的库项目将出现在面板中，为库项目重命名。

▶ 05

双击新建的库项目，打开库项目编辑窗口，在库项目编辑窗口中根据需要进行内容的编辑。

▶ 06

编辑完成后，单击"文件"｜"保存"命令，即可创建库项目。

2．使用菜单命令创建库

使用菜单命令创建库的具体操作步骤如下：

▶ 01

单击"文件"｜"新建"命令，弹出"新建文档"对话框。

▶ 02

在"常规"选项卡的"类别"列表框中选择"基本页"选项。

▶ 03

在"基本页"列表中选择"库项目"选项。

▶ 04

单击"创建"按钮，创建一个空白文档。

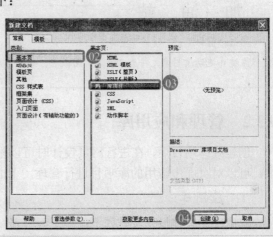

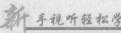
▶▶ 05

在文档中根据需要进行编辑。

▶▶ 06

单击"文件"｜"保存"命令，弹出"另存为"对话框，在"文件名"下拉列表框中输入文件名称。

▶▶ 07

单击"保存类型"下拉列表框右侧的下拉按钮，在弹出的列表框中选择"库文件（*.lbi）"选项。

▶▶ 08

单击"保存"按钮，即可创建库项目。

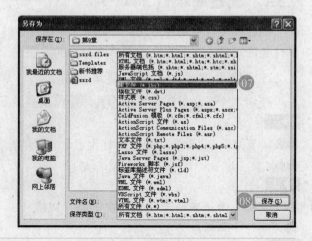

3. 将网页元素转化为库项目

将网页元素转化为库项目的具体操作步骤如下：

▶▶ 01

在文档中选取要存为库项目的页面元素。

▶▶ 02

单击"修改"｜"库"｜"增加对象到库"命令。

▶▶ 03

在文档窗口右侧，将打开"库"面板，该页面元素也将转化为库项目。

▶▶ 04

输入新的库项目名，即可将网页元素转化为库项目。

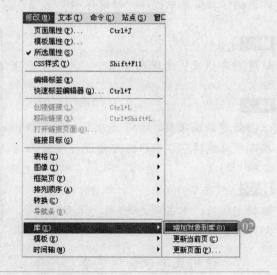

加　油　站

　　单击"窗口"｜"资源"命令，打开"资源"面板，切换到"库"面板，在文档中选中目标图像，单击鼠标左键并拖动该图像文件至"资源"面板内，重命名后可将该图像文件转化为库项目。

9.3.2　管理和应用库

　　创建好库项目后，在进行网页设计时可以根据需要使用库项目。在库项目"属性"面板中，可以对页面中应用的库项目进行管理，下面分别介绍管理和应用库的方法。

1. 应用库

应用库的具体操作步骤如下：

▶▶ 01

单击"文件"|"打开"命令，打开 xstj 素材
文档。

▶▶ 02

将插入点定位于文档窗口的目标位置，单击
"窗口"|"资源"命令，打开"资源"面板。

▶▶ 03

在"资源"面板中单击"库"按钮，切换
到"库"子面板。

▶▶ 04

在"库"面板中选择目标库项目，单击"插
入"按钮，即可应用库项目。

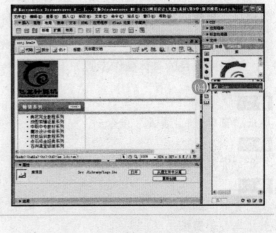

2. 管理库

管理库的具体操作步骤如下：

▶▶ 01

在文档中选中库项目。

▶▶ 02

文档窗口的下方将显示库项目"属性"面板。

▶▶ 03

在库项目"属性"面板中，单击"从源文件
中分离"按钮。

▶▶ 04

至此，完成管理库的操作。

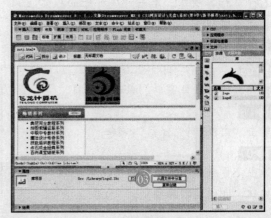

加　油　站

在库项目"属性"面板中，主要选项的含义如下：

● Src/Library/logoz.lbi：显示库项目源文件的文件名及位置。不能编辑此信息。

● 打开：单击此按钮可打开库项目的源文件进行编辑。这与在"资源"面板中选择项目并单击"编辑"
按钮的功能是相同的。

● 从源文件中分离：单击此按钮可断开所选择库项目与其源文件之间的链接。与库项目分离后的对象
可以在文档中被编辑，但它不再是库项目，并且不能在更改原始库项目时更新。

● 重新创建：单击此按钮可用当前设定的内容改写原始库项目，以在丢失或意外删除原始库项目时重
新创建库项目。

9.3.3　修改库项目

当编辑库项目时，可以更新使用该项目的所有文档。如果选择不更新，那么文档将保持

与库项目的关联。

库项目其他种类的更改包括：重命名项目以断开与文档或模板的链接，从站点的库中删除项目，重新创建丢失的库项目。下面分别介绍修改库项目的方法。

1. 编辑库项目

编辑库项目的具体操作步骤如下：

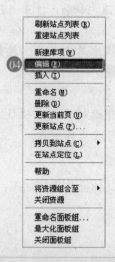

01
单击"窗口"｜"资源"命令。

02
打开"资源"面板。

03
在"资源"面板中单击"库"按钮，切换至"库"子面板。

04
选择目标库项目，单击"库"子面板右上角的菜单按钮，在弹出的下拉菜单中选择"编辑"选项。

05
打开编辑库项目窗口，编辑库项目。

06
单击"文件"｜"保存"命令。

07
弹出"更新库项目"对话框，单击"不更新"按钮，即仅编辑库项目。

2. 重命名库项目

重命名库项目的具体操作步骤如下：

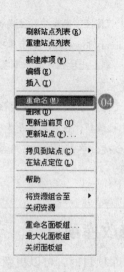

01
单击"窗口"｜"资源"命令，打开"资源"面板。

02
在"资源"面板中单击"库"按钮，切换至"库"子面板。

03
选择目标库项目，单击"库"子面板右上角的菜单按钮。

04
在弹出的下拉菜单中选择"重命名"选项。

05

输入新名称，按【Enter】键确认。

06

弹出"更新库项目"对话框。

07

单击"不更新"按钮，即仅重命名库。

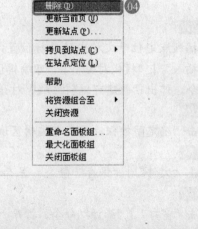

3. 删除库项目

删除库项目的具体操作步骤如下：

01

单击"窗口"|"资源"命令，打开"资源"面板。

02

在"库"子面板中选择目标库项目。

03

单击"库"子面板右上角的菜单按钮。

04

在弹出的下拉菜单中选择"删除"选项。

05

弹出提示信息框，单击"是"按钮，即可删除库项目。

9.3.4 更新站点

更新站点的具体操作步骤如下：

01

单击"修改"|"库"|"更新页面"命令。

02

弹出"更新页面"对话框。

03

单击"开始"按钮，即可完成更新站点操作。

9.4 学中练兵——制作球星个人网

使用 Dreamweaver 提供的模板和库功能，可以将具有相同版面的页面制作成模板，将相同的元素制作成库项目，这样可减少许多重复的操作，提高了工作效率。

本实例通过利用模板和库功能制作球星个人网实例介绍了模板和库项目的创建和操作。制作球星个人网文档的具体操作步骤如下：

▶ 01

单击"文件"|"打开"命令。

▶ 02

弹出"打开"对话框，选择 qxzl 素材文档。

▶ 03

单击"打开"按钮，打开该文档。

▶ 04

单击"文件"|"另存为模板"命令，弹出
"另存为模板"对话框。

▶ 05

单击"保存"按钮，弹出提示信息框。

▶ 06

单击"是"按钮，打开模板编辑页面。

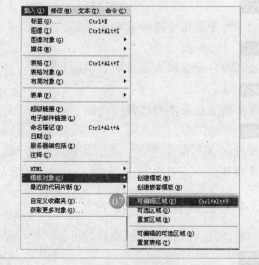

▶ 07

将插入点定位于文档中的目标位置，单击
"插入"|"模板对象"|"可编辑区域"
命令，弹出"新建可编辑区域"对话框。

▶ 08

单击"确定"按钮，定义可编辑区域。

▶ 09

单击"文件"|"保存"命令，保存模板。

▶ 10

单击"窗口"|"资源"命令，打开"资源"
面板。

▶ 11

在"资源"面板中单击"库"按钮，切
换至"库"子面板。

▶ 12

单击"库"子面板右上角的菜单按钮。

▶ 13

在弹出的下拉菜单中选择"新建库项"
选项。

▶ 14

新建的库项目将显示在面板中，为库项目
重命名。

▶ 15

双击新建的库项目，打开库项目编辑窗口。

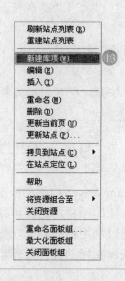

加 — 油 — 站

在编辑库项目时 CSS 面板将不可用，因为库项目只能包含属于〈body〉部分的元素，而层叠样式表 (CSS)代码插入在文档的〈head〉部分，并且"页面属性"对话框也不可用，因为库项目中不能包含〈body〉标签或其属性。

▶▶16

单击"插入"|"图像"命令，弹出"选择图像源文件"对话框。

▶▶17

选择 new 素材文件，单击"确定"按钮。

▶▶18

单击"文件"|"保存"命令，保存库项目。

▶▶19

单击"文件"|"新建"命令，弹出"新建文档"对话框。

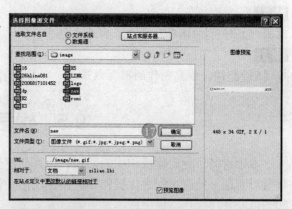

▶▶20

单击"模板"选项卡。

▶▶21

在"模板用于"列表框中选择"站点'模板和库'"选项。

▶▶22

在右侧的列表框中选择 qxzl 模板文件。

▶▶23

单击"创建"按钮，应用该模板创建一个文档。

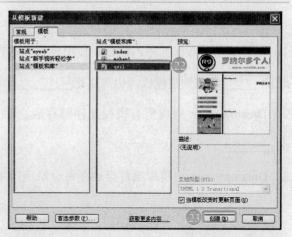

▶▶24

将插入点定位于文档中的目标位置。

▶▶25

在"资源"面板的"库"子面板中选择目标库项目。

▶▶26

单击"插入"按钮，插入库项目，将插入点定位于文档中的目标位置。

▶▶27

打开"档案.txt"素材文档，复制文档中的所有内容，并粘贴至目标位置。

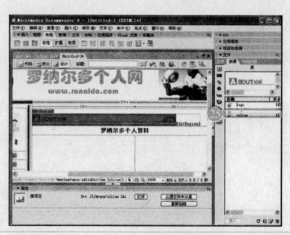

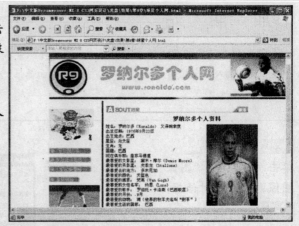

▶▶28

将插入点定位于文档中的目标位置，单击"插入"|"图像"命令，弹出"选择图像源文件"对话框。

▶▶29

选择目标图像，单击"确定"按钮，插入图像。

▶▶30

单击"文件"|"保存"命令，保存文档。

▶▶31

按【F12】键，预览制作的网页效果。

9.5　学后练手

　　本章讲解了使用模板和库的知识，包括创建模板和库、运用模板、使用库等，读者在进行学习时最好结合实例进行操作。本章学后练手是为了让读者更好地掌握和巩固模板与库的知识以及各项操作，请根据本章内容认真完成。

一、填空题

1. 在 Dreamweaver 8 中，创建和使用模板非常容易，创建一个模板有两条路径，可以从新建的_____中创建模板，也可以把_____保存为模板。

2. Dreamweaver 8 将所有模板文件都存放在站点根目录下的_____子目录中，扩展名为_____。

3. Dreamweaver 8 将库项目存放在每个站点的本地根目录下的_____文件夹中，扩展名为_____。

二、简答题

1. 简述模板的含义。

2. 简述库的概念。

三、上机题

1. 练习创建模板。

2. 练习使用库。

第 10 章

在网页中使用表单

●—●—●●● 学习安排 ●●●—●—●

本章学习时间安排建议:

总体时间为 3 课时,其中分配 2 课时对照书本学习在网页中使用表单的知识与各项操作,分配 1 课时观看多媒体教程并自行上机进行操作。

●—●—●●● 学有所成 ●●●—●—●

学完本章,您应能掌握以下技能:

◇ 插入表单标签
◇ 使用文本域
◇ 了解列表和菜单的使用方法
◇ 使用隐藏域和文件域

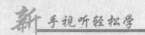
使用表单可以收集来自用户的信息，它是网站管理者与浏览者之间沟通的桥梁。收集、分析用户的反馈意见，然后作出科学的、合理的决策，是一个网站成功的重要因素，而使用表单，是获取用户反馈信息的最有效方法。本章主要介绍表单的使用方法、常用的表单对象等内容。

10.1 插入表单标签

经常上网的用户对表单应该不陌生，注册邮箱、申请 QQ 号码、申请游戏账号、注册论坛会员等，都需要跟表单接触。

常见的网页表单元素有文本框、下拉列表框、单选按钮、复选框、表单按钮等。这些元素都有对应的 HTML 标签及属性设置，利用 Dreamweaver 8 可以在可视化方式下，方便地在页面中创建它们。

10.1.1 表单的作用

有的用户可能会把表单与日常工作中的数据表混淆，实际上在网页设计中表单和数据表格是完全不同的两类元素。表单的主要作用是从客户端收集用户信息，然后提交到目标位置（通常是服务器端），并由特定的程序进行处理，通常处理后还会向用户返回一个关于处理结果的信息。因此表单的完整构成实际上应该包括两部分，即用于收集用户信息的表单对象集合，以及用于对收集信息进行处理的处理过程。

10.1.2 插入表单标签并设置属性

在 HTML 中使用〈form〉标签来定义一个表单区域，〈form〉标签被称为表单标签，该标签可将一组表单元素（如文本框、下拉列表等）有机结合起来，通过标签中各表单元素收集来的用户信息，将一起提交到目标处理程序中进行统一处理。

只有位于表单标签中的表单元素才能正确地从用户那里获取信息并提交到服务器，因此要创建一个完整的表单，首先应该从插入表单标签开始。

1．插入表单标签

插入表单标签的具体操作步骤如下：

▶▶ 01

将插入点定位于文档窗口的目标位置。

▶▶ 02

单击"插入"｜"表单"｜"表单"命令，即可插入表单标签。

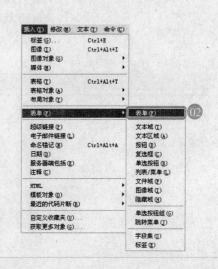

表单标签区域只是一种供浏览器识别的定义信息，在实际显示时，表单标签区域并不会显示出来。

2．设置表单属性

设置表单属性的具体操作步骤如下：

01 在文档中选中表单标签。

02 在浏览器下方将显示表单"属性"面板。

03 在"动作"文本框中输入 fljsj@163.com，即指定处理表单的程序。

加 - 油 - 站

在表单"属性"面板中，各主要选项含义如下：

● 表单名称：用于设置表单的名称，可在下面的文本框中输入一个名字。表单命名之后就可以用脚本语言（如 JavaScript 或 VBScript）对它进行检查和控制。

● 动作：指定处理表单的程序，用于决定表单内容应该完成的事情。多数情况下，动作设置为 URL，用来运行一个指定的 Web 应用程序或者发送电子邮件。

● 目标：用于设置该表单提交时，处理页面的打开方式，与超链接的目标属性相似。

● 方法：用于告诉浏览器和 Web 服务器该如何为将要处理表单的应用程序发送表单内容。表单的发送方法有 POST、GET 和默认 3 种，其中 GET 方法有传输数据量的限制，因此相比之下 POST 应用得更多一些。

● MIME 类型：用于设置表单提交给服务器进行处理数据使用的编码类型，有 application/x-www-form-urlencoded 和 multipart/form-data 两种。

10.2　使用文本域

文本域接受任何类型的字母、数字输入内容。文本可以以单行或多行显示，也可以以密码域的方式显示，在这种情况下，输入文本将被替换为星号或项目符号，以免旁观者看到这些文本。下面介绍使用文本域的方法。

10.2.1　单行文本域

最常见的表单域就是文本域，插入文本域的具体操作步骤如下：

▶▶ 01

将插入点定位于网页中的表单域内。

▶▶ 02

单击"插入"｜"表格"命令，在表单域中
插入一个 9 行 2 列的表格。

▶▶ 03

在第 1 行第 1 列单元格中输入文本"用户
名"。

▶▶ 04

将插入点定位于第 1 行第 2 列单元格中。

▶▶ 05

单击"插入"｜"表单"｜"文本域"命令。

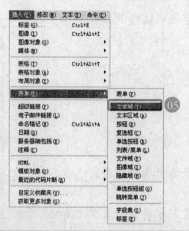

▶▶ 06

弹出"输入标签辅助功能属性"对话框。

▶▶ 07

单击"确定"按钮，即可插入单行文本域。

注意啦

如果在插入文本域时，
不希望弹出"输入标签
辅助功能属性"对话框，
可单击"请更改'辅助
功能'首选参数"超链
接，在进入的"首选参
数"对话框中进行设置。

10.2.2 密码域

密码域是特殊类型的文本域，其特点是不在表单中显示具体的内容，而是用星号来代替
显示。插入密码域的具体操作步骤如下：

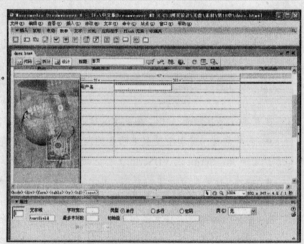

▶▶ 01

打开上一实例的效果文件，在第 2 行第 1
列单元格中输入文本"密码"。

▶▶ 02

将插入点定位于第 2 行第 2 列单元格中，
单击"插入"｜"表单"｜"文本域"命令。

▶▶ 03

在文本域"属性"面板中选中"密码"单
选按钮，并将文本域名称设置为 password。
至此，完成插入密码域的操作。

在文本域"属性"面板中，各主要选项的含义如下：

● 文本域：在"文本域"文本框中，为该文本域指定一个名称。每个文本域都必须有一个唯一的名称。文本域名称不能包含空格或特殊字符，可以使用字母、数字和下划线的任意组合。所选名称最好与用户输入的信息有所联系。

● 字符宽度：设置文本域中允许输入的字符数，同时规定了文本字段的宽度。

● 最多字符数：设置单行文本域中最多可输入的字符数。例如，使用"最多字符数"将邮政编码限制为 6 位数，将密码限制为 10 个字符。如果将"最多字符数"文本框保留为空白，则用户可以输入任意数量的文本。如果文本超过域的字符宽度，文本将滚动显示，如果用户的输入超过最大字符数，则表单会发出警告声。

● 类型：显示了当前文本域的类型，有单行、多行和密码 3 种类型，可通过选中单选按钮来转换 3 种不同的类型。

● 初始值：输入文本域中默认状态时显示的内容。

10.2.3　多行文本区域

多行文本区域可为用户提供一个较大的区域，允许输入更多的文本，可以指定最多输入的行数以及对象的字符宽度。如果输入的文本超过了这些设置，该区域将按照换行属性中指定的设置进行滚动。

插入多行文本区域的具体操作步骤如下：

01

打开上一实例的效果文件，在第 8 行第 1 列单元格中输入文本"个人签名"。

02

将插入点定位于第 8 行第 2 列单元格中。

03

单击"插入"｜"表单"｜"文本区域"命令。

04

在文本区域"属性"面板中将"字符宽度"设置为 30、"行数"设置为 5。至此，完成插入多行文本区域的操作。

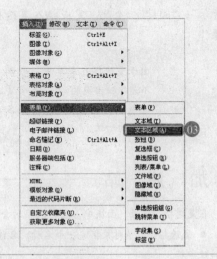

10.3　复选框和单选按钮

填写表单时，有一些内容可以通过让浏览者以选择的形式来实现。例如，常见的网上调查，首先提出调查的问题，然后让用户在若干个选项中作出选择。复选框可以实现在若干选项中选择多个项目。而单选按钮则是进行项目的单项选择，以一个圆圈表示。下面将介绍复选框和单选按钮的使用方法。

10.3.1　复选框

复选框一般是多个同时出现的，允许在一组选项中选择多个选项。插入复选框的具体操作步骤如下：

▶▶01

打开上一实例的效果文件，在第 6 行第 1 列单元格中输入文本"爱好"。

▶▶02

将插入点定位于第 6 行第 2 列单元格中。

▶▶03

单击"插入"｜"表单"｜"复选框"命令，插入一个复选框。

▶▶04

将光标定位在该复选框后，然后输入文本"上网"。

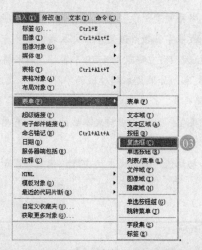

▶▶05

用与上述相同的方法，再插入 4 个复选框，并分别在复选框后输入"运动"、"旅游"、"音乐"、"阅读"。至此，完成插入复选框的操作。

注意啦

由于复选框在表单中一般都不是单独出现的，要将多个复选框组合起来必须先将其名称设为一致。

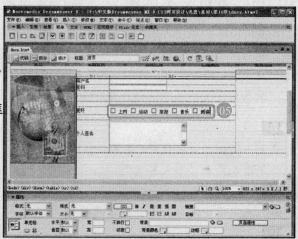

加·油·站

在复选框"属性"面板中，主要选项的含义如下：

● 复选框：为该对象指定一个名称，名称必须在该表单内唯一标识该复选框，此名称不能包含空格或特殊字符。

● 选定值：输入复选框选中时的取值，如果将 checkbox 设为表示图片，该值会被传送给服务器端应用程序，但不会在表单域中显示。

● 初始状态：设置加载到浏览器时，复选框是否处于选中状态。

10.3.2　单选按钮

当需要向用户提供一组互斥的两个选项时（如性别选项），需要用到单选按钮。插入单选按钮的具体操作步骤如下：

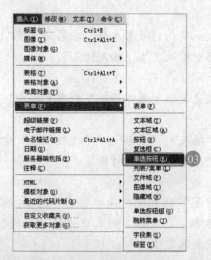

01

打开上一实例的效果文件，在第 3 行第 1 列单元格中输入文本"性别"。

02

将插入点定位于第 3 行第 2 列单元格中。

03

单击"插入"|"表单"|"单选按钮"命令，插入一个单选按钮。

04

将光标定位在该单选按钮后，然后输入文本"男"。

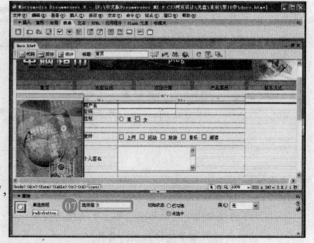

05

选中该单选按钮，文档窗口下方将显示单选按钮"属性"面板。

06

在"选定值"文本框中输入 1。

07

运用与上述相同的方法，再插入一个单选按钮，在该单选按钮后输入文本"女"，并在"选定值"文本框中输入 0，即可插入单选按钮。

加-油-站

在单选按钮"属性"面板中，主要选项的含义如下：

● 单选按钮：用来定义单选按钮的名称，同一组的两个单选按钮必须有相同的名称。

● 选定值：设置单选按钮被选定时的取值。当用户提交表单时，该值被传送给处理程序（如 ASP、CGI 脚本），应赋给同组的两个单选按钮不同的值。

● 初始状态：指定首次载入表单时单选按钮是已勾选还是未勾选状态。同一组单选按钮中，只有一个按钮的初始状态被设为勾选。

● 类：设置单选按钮样式。

10.3.3 单选按钮组

单选按钮组是指一组单选按钮，可以完成多个选项中的单项选择。插入单选按钮组的具体操作步骤如下：

01

打开上一实例的效果文件，在第 4 行第 1 列单元格中输入文本"加入组别"。

02

将插入点定位于第 4 行第 2 列单元格中。

03

单击"插入"|"表单"|"单选按钮组"命令，弹出"单选按钮组"对话框。

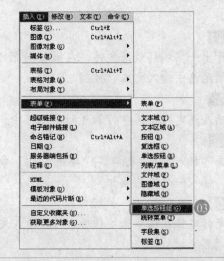

04

在"标签"列表中选择"单选"选项，更改选项名称；在"值"列表中选择"单选"选项，设置选定值。

05

单击"添加"按钮，添加标签，单击"确定"按钮，即可插入单选按钮组。

在"单选按钮组"对话框中，"标签"用来设置单选按钮的文字说明，"值"用来设置单选按钮的选定值。

加 油 站

在"单选按钮组"对话框中，各主要选项的含义如下：

● 名称：输入该单选按钮组的名称。

● 布局，使用：选择 Dreamweaver 8 对这些按钮进行布局时使用的格式，有"换行符（〈br〉标签）"和"表格"两个选项。

10.4　列表和菜单

一个列表可以包含一个或多个项目。当需要显示多个项目时，菜单就非常有用。想要对返回给服务器的值进行控制，也可以使用菜单。对于菜单而言，可以具体地设置某个菜单项返回的确切值，以防止用户随心所欲地输入内容。

在 Dreamweaver 8 中，列表、菜单被归为同一类表单对象，使用"列表/菜单"命令可实现列表或菜单的插入，插入后再通过对应的"列表/菜单"属性面板来设置对象属性。

10.4.1　下拉菜单

下拉菜单是通过单击在弹出的下拉列表中选择项目。插入下拉菜单的具体操作步骤如下：

01
打开上一实例的效果文件，在第 5 行第 1 列单元格中输入文本"学历"。
02
将插入点定位于第 5 行第 2 列单元格中。
03
单击"插入"|"表单"|"列表/菜单"命令。
04
文档窗口下方将显示列表/菜单"属性"面板。
05
在列表/菜单"属性"面板中单击"列表值"按钮。
06
弹出"列表值"对话框。
07
分别在"项目标签"和"值"文本框中输入要添加的菜单项。
08
单击"添加"按钮 **+** ，添加项目标签项，并继续设置并添加项目标签和值的内容，最后单击"确定"按钮，即可完成下拉菜单的设置。

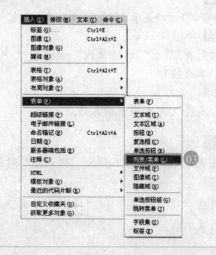

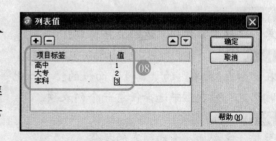

加　油　站

"列表值"对话框中，主要选项的含义如下：

● 项目标签：用来输入每个菜单项的标签文本。
● 值：用来设置可选值。
● 添加按钮 **+** ：单击该按钮可添加列表中的项。
● 删除按钮 **−** ：单击该按钮可删除列表中的项。
● 向上按钮 **▲** ：单击该按钮可向上排列列表中的项。
● 向下按钮 **▼** ：单击该按钮可向下排列列表中的项。

10.4.2　滚动列表

表单中有两种类型菜单，显示为一个列有项目的可滚动列表，用户可从该列表中选择项目，称为滚动列表。插入滚动列表的具体操作步骤如下：

>> 01

将插入点定位于表单中。

>> 02

单击"插入"|"表单"|"列表/菜单"命令。

>> 03

文档窗口下方将显示"列表/菜单"的"属性"面板。

>> 04

在"列表/菜单"的"属性"面板中选中"列表"单选按钮。

>> 05

在"高度"文本框中输入 3。

>> 06

单击"列表值"按钮,弹出"列表值"对话框。

>> 07

分别在"项目标签"和"值"列中输入要添加的菜单项。

>> 08

单击"添加"按钮 ➕,添加项目标签项。

>> 09

单击"确定"按钮,返回文档窗口。

>> 10

在"列表/菜单"的"属性"面板的"初始化时选定"列表框中选择任意一个列表项。

>> 11

至此,完成插入滚动列表的操作。

加 油 站

在列表/菜单"属性"面板中,主要选项的含义如下:

● 列表/菜单:输入列表/菜单的名称。

● 列表值:单击该按钮会弹出一个对话框,可以在该对话框中向菜单中添加菜单项,并可以设置菜单的值。

● 高度:设置列表框高度。

● 初始化时选定:设置列表中默认选择的列表/菜单项。

10.4.3 跳转菜单

跳转菜单的用处十分广泛。在网站首页的友情链接上,需要大量的其他网站,如果将这些网站全部列出来,会占据页面的空间,而且不美观,使用跳转菜单则可以很好地解决这个问题。

插入跳转菜单的具体操作步骤如下:

01

单击"文件"|"打开"命令，弹出"打开"对话框。

02

选择目标文档，单击"打开"按钮，打开所选文档。

03

将插入点定位于文档的目标位置。

04

单击"插入"|"表单"|"跳转菜单"命令。

05

弹出"插入跳转菜单"对话框。

06

在"文本"文本框中输入菜单项文本。

07

单击"选择时，转到 URL"文本框右侧的"浏览"按钮。

08

弹出"选择文件"对话框。

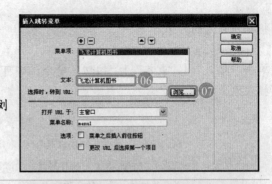

09

选择目标文件，单击"确定"按钮，返回"插入跳转菜单"对话框。

10

单击"添加"按钮 ，添加项目标签项。

11

单击"确定"按钮，即可插入跳转菜单。

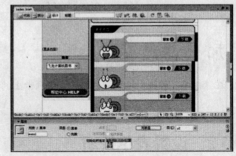

加　油　站

在"插入跳转菜单"对话框中，主要选项的含义如下：

● 添加按钮 ：用以为跳转菜单添加菜单项。

● 删除按钮 ：用以删除跳转菜单中选中的菜单项。

● 菜单项：以列表的形式显示跳转菜单的菜单项。

● 文本：为菜单项输入要在菜单列表中显示的文本。

● 选择时，转到 URL：单击"浏览"按钮选择要打开的文件，或者在文本框中输入要打开的文件的路径。

● 打开 URL 于：在该下拉列表框中选择文件的打开位置。

● 选项：选中"菜单之后插入前往按钮"复选框，可以添加一个"前往"按钮，用以实现跳转。如果要使用菜单选择提示，则需要选中"更改 URL 后选择第一个项目"复选框。

10.5　表单按钮

表单中的按钮起着至关重要的作用。按钮可以触发提交表单的动作，可以在用户需要修改表单的时候，将表单恢复到初始的状态，还可以依照程序的需要，发挥其他的作用。

10.5.1　插入表单按钮

标准的表单按钮通常有"提交"、"重置"或"发送"等标签。插入表单按钮的具体操作步骤如下：

▶▶01

将插入点定位于表单中。

▶▶02

单击"插入"｜"表单"｜"按钮"命令，即可插入表单按钮。

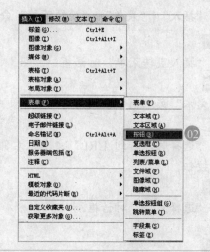

 默认情况下，新插入的按钮都是"提交"标签，用户可以根据情况修改按钮上显示的名称。

加　油　站

在"插入"面板中，单击"表单"选项卡上的"按钮"按钮 ▭，也可插入按钮。

10.5.2　设置表单按钮

插入表单按钮后，可设置按钮的属性。设置表单按钮属性的具体操作步骤如下：

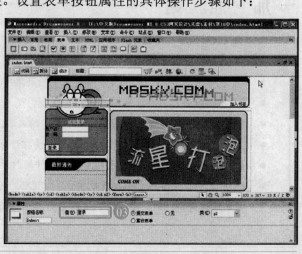

▶▶01

选中目标按钮。

▶▶02

文档窗口下方将显示按钮"属性"面板。

▶▶03

在"值"文本框中输入"登录"，即可设置按钮属性。

在按钮"属性"面板中，主要选项的含义如下：

● 按钮名称：为该按钮指定一个名称。

● 值：指定按钮上显示的名称。"提交"和"重置"是两个保留名称，"提交"通知表单将表单数据提交给处理应用程序或脚本，"重置"则将所有表单域重置为其原始值。

● 动作：设置单击该按钮时触发的效果。有"提交表单"、"重设表单"、"无"3个单选按钮。单击"提交表单"按钮时将提交表单数据进行处理，该数据将被提交到表单的"操作"属性中指定的页面或脚本；单击"重设表单"按钮时将清除表单中的内容；单击"无"按钮则执行其他指定的操作。

10.5.3　图形按钮

插入图形按钮的具体操作步骤如下：

01
单击"文件"|"打开"命令，打开 index 素材文档。

02
将插入点定位于文档中的目标位置。

03
单击"插入"|"表单"|"图像域"命令。

04
弹出"选择图像源文件"对话框，选择目标文件。

05
单击"确定"按钮，插入图像域。

06
选中该图像域，文档窗口下方将显示图像域"属性"面板。

07
在"替换"文本框中输入"确认"，即可完成图像的设置。

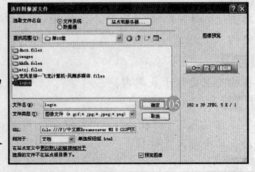

10.6　使用隐藏域和文件域

隐藏域在网页中不显示，只是将一些必要的信息提供给服务器。隐藏域存储并提交非用户输入信息，该信息对用户是隐藏的。

文件域使用户可以选择其计算机上的文件，并将该文件上传到服务器。用户可以手动输入要上传的文件路径，也可以使用"浏览"按钮定位并选择该文件。

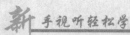
10.6.1　隐藏域

插入隐藏域的具体操作步骤如下：

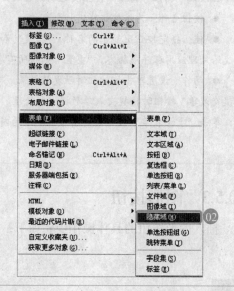

01

将插入点定位于表单中。

02

单击"插入"|"表单"|"隐藏域"命令，在文档中将显示隐藏域图标 。

注意啦

如果未看到隐藏域图标，可单击"查看"|"可视化助理"|"不可见元素"命令，查看标记。

10.6.2　文件域

有的时候要求用户将文件提交给网站。例如，Office 文档、浏览者的个人照片或者其他类型的文件，这个时候就要用到文件域。

插入文件域的具体操作步骤如下：

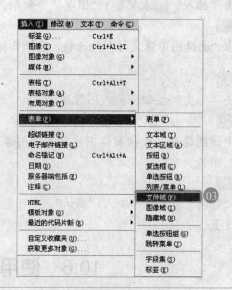

01

单击"文件"|"打开"命令，打开 mtsj 素材文档。

02

将插入点定位于表单内。

03

单击"插入"|"表单"|"文件域"命令，在表单中插入文件域。

04

选中文件域，文档窗口下方将显示文件域"属性"面板。

05

分别在"字符宽度"和"最多字符数"文本框中输入 30 和 40，即可完成插入文件域的设置。

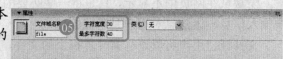

在文件域"属性"面板中，主要选项的含义如下：

● 文件域名称：指定该文件域对象的名称。

● 字符宽度：指定该域最多可显示的字符数。

● 最多字符数：指定域中最多可容纳的字符数。如果用户通过浏览来定位文件，文件名和路径则可超过指定的"最多字符数"的值。如果用户尝试键入文件名和路径，文件域则仅允许键入"最多字符数"值所指定的字符数。

● 类：可以将 CSS 样式应用于对象。

10.7　学中练兵——制作客户反馈表

通常表单的工作过程为收集用户在浏览网页时填写的信息，然后提交信息。这些信息通过 Internet 传送到服务器上。服务器上专门的程序将对这些数据进行处理，如果有错误会返回出错信息，并要求纠正错误。若数据完整无误，服务器会反馈一个输入完成信息。本实例通过制作客户反馈表，介绍了表单的创建、表单对象的插入及设置等知识。

制作客户反馈表的具体操作步骤如下：

01

单击"文件"|"打开"命令。

02

打开 khfk 素材文件。

03

将插入点定位在文档窗口的目标位置。

04

单击"插入"|"表单"|"表单"命令，插入表单标签。

05

选中该标签，文档下方将显示表单"属性"面板。

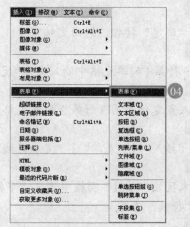

06

在"动作"文本框中输入 fljsj@163.com。

07

将插入点定位于网页中的表单域内。

08

单击"插入"|"表格"命令，在表单域中插入一个 5 行 2 列、宽为 500 像素的表格。

09

在第 1 行第 1 列单元格中输入文本"客户名称:"。

▶ 10
将插入点定位于第 1 行第 2 列单元格中。

▶ 11
单击"插入"|"表单"|"文本域"命令，插入文本域。

▶ 12
选中该文本域，在文本域"属性"面板中设置"字符宽度"为 15。

▶ 13
在第 2 行第 1 列单元格中输入文本"性别:"。

▶ 14
将插入点定位于第 2 行第 2 列单元格中。

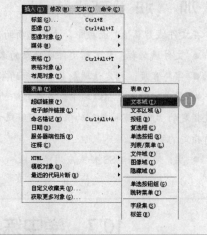

▶ 15
单击"插入"|"表单"|"单选按钮组"命令，弹出"单选按钮组"对话框。

▶ 16
设置"标签"名称为"男"和"女"、"值"分别为 0 和 1。

▶ 17
单击"确定"按钮，返回文档窗口。

▶ 18
在第 3 行第 1 列单元格中输入文本"反馈内容:"。

▶ 19
将插入点定位于第 3 行第 2 列单元格中。

▶ 20
单击"插入"|"表单"|"文本区域"命令。

▶ 21
在文本区域"属性"面板中设置"字符宽度"为30、"行数"为 5。

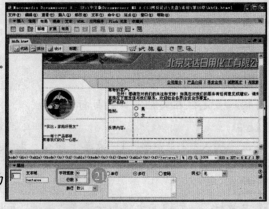

▶ 22
在第 4 行第 1 列单元格中输入文本"所在地:"。

▶ 23
将插入点定位于第 4 行第 2 列单元格中。

▶ 24
单击"插入"|"表单"|"列表/菜单"命令。

▶ 25
文档窗口下方将显示"列表/菜单"的"属性"面板。

▶ 26
在"列表/菜单"的"属性"面板中单击"列表值"按钮。

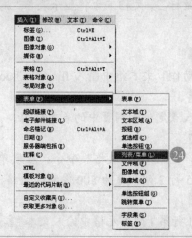

27

弹出"列表值"对话框。

28

分别在"项目标签"和"值"列中输入
要添加的菜单项。

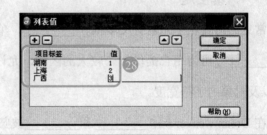

29

单击"添加"按钮 **+**，添加项目标签项。

30

单击"确定"按钮，设置列表值。

31

将插入点定位于第 5 行第 2 列单元
格中。

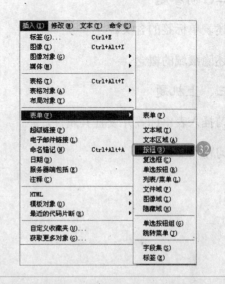

32

单击"插入"|"表单"|"按钮"命令，
插入按钮。

33

选中该按钮，在文档窗口下方将显示按
钮"属性"面板。

34

在按钮"属性"面板的"值"文本框中
输入文本"发出信息"。

35

将光标定位于该按钮后，单击"插入"
|"表单"|"按钮"命令，插入另一个
按钮。

36

选中该按钮，在按钮"属性"面板的"值"
文本框中输入文本"重新填写"，并设
置该按钮的"动作"为"重设表单"。

37

保存文档后，单击"文件"|"在浏览器
中预览"|IExplore 6.0 命令，预览效果。
至此，本实例制作完毕。

10.8　学后练手

本章讲解了在网页中使用表单的知识，包括插入表单标签、使用并设置表单对象。本章
学后练手是为了让读者更好地掌握和巩固在网页中使用表单的知识，请根据本章所学内容认
真完成。

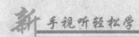
一、填空题

1. 常见的网页表单元素有文本框、_____、单选按钮、复选框、_____等。

2. _____可为用户提供一个较大的区域，允许输入更多的文本，可以指定最多输入的行数以及对象的字符宽度。

3. 在 Dreamweaver 8 中_____和_____被归为同一类表单对象。

二、简答题

1. 简述表单标签的含义。

2. 简述隐藏域的概念。

三、上机题

1. 练习插入表单标签并设置其属性。

2. 练习使用文件域。

第 11 章

设置行为

学习安排

本章学习时间安排建议：

总体时间为 3 课时，其中分配 2 课时对照书本学习行为的知识与各项操作，分配 1 课时观看多媒体教程并自行上机进行操作。

学有所成

学完本章，您应能掌握以下技能：

✧ 了解行为的使用方法
✧ 熟悉行为的基本操作
✧ 了解标准事件的使用方法
✧ 使用标准动作的方法

行为是 Dreamweaver 8 预置的 JavaScript 程序库。每个行为包括一个动作和一个事件。任何一个动作都需要一个事件触发，两者相辅相成。动作是一段已经编辑好的 JavaScript 代码，这些代码在被特定事件触发时执行。创建行为是需要掌握的且富有挑战性的 Dreamweaver 8 特性之一。

11.1　行为的基础知识

行为是 Dreamweaver 8 中一个非常重要的概念，提到行为就不得不说一下 JavaScript，这是一种典型的网页脚本程序。脚本是使用一种特定的描述性语言，依据一定的格式编写的可执行文件，又称作宏或批处理文件，简单地说行为是一种 Script 类型的程序。程序是以文本形式存在的，它通过解释器边解释边执行，而不是编译后再执行。

网页中常见的脚本程序主要有两种，一种是微软推出的VBScript，另一种就是JavaScript，相对而言 JavaScript 脚本程序应用更广泛一些。行为就是在 JavaScript 的基础上衍生出来的 Dreamweaver 功能。

11.1.1　认识行为

行为代码实际上是由一些预定义的 JavaScript 的脚本程序构成的，需要通过一定的事件来触发这些脚本程序，以实现某个特定的页面功能。当指定的事件发生时，将运行相应的 JavaScript 程序，执行相应的动作。所以在创建行为时，必须先指定一个动作，然后再指定触发动作的事件。行为是针对网页中的对象的，要结合一个对象添加行为。

事件是触发动态效果的条件。网页事件分为不同的种类，有的与鼠标有关，有的与键盘有关，如鼠标单击、按键盘上的某个键。有的事件还和网页相关，如网页下载完毕、网页切换等。对于同一个对象，不同版本的浏览器支持的事件种类和多少也是不一样的。

每个浏览器都提供一组事件，这些事件可以与"行为"面板的"动作"下拉列表中列出的动作相关联。当网页的访问者与网页进行交互时，浏览器生成事件。这些事件可用于调用引起动作发生的 JavaScript 函数。

11.1.2　行为面板功能简介

在 Dreamweaver 8 中，对行为的添加和控制主要是通过"行为"面板来实现的。

单击"窗口"|"行为"命令，或是按【Shift + F4】组合键，都可以打开"行为"面板。

在"行为"面板中，主要按钮的含义如下：

➢　切换显示方式：包括"显示设置事件"和"显示所有事件"按钮。单击"显示设置事件"按钮可切换到显示文档中给定类型已设置的事件；单击"显示所有事件"按钮则可将列表切换到显示给定类型支持的所有事件。

➢　调整行为顺序：包括"增加事件值"和"附低事件值"按钮。用于调整相同事件对应的多个动作的执行顺序。

➢　添加行为：单击该按钮将显示一个针对当前对象的可选行为菜单，用于为对象添加行为。

➢　删除事件：用于删除行为列表中的行为，在进行删除操作前，需要在列表中选中一个具体行为。

➢　事件设置列：用于修改触发该行为的事件类型，单击某一事件，可通过下拉列表框进行重新选择。

➢　动作编辑列：用于修改某个动作的相关属性（不能用于修改动作类型），双击动作名称，可打开对应的对话框并进行设置。

11.2　行为的基本操作

行为的基本操作包括：添加、删除和编辑行为等，下面分别对其进行讲解。

11.2.1　添加、删除行为

在"行为"面板上可对行为进行添加和删除操作。

1. 添加行为

添加行为的具体操作步骤如下：

▶▶01

单击"窗口" | "行为"命令，打开"行为"面板。

▶▶02

在文档窗口中选择目标对象。

▶▶03

在"行为"面板中单击"添加行为"按钮 ＋ 。

▶▶04

在弹出的下拉菜单中选择"弹出信息"选项。

▶▶05

弹出"弹出信息"对话框。

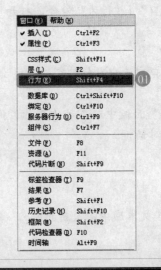

▶▶06

在"消息"文本域中输入文字，单击"确定"按钮，即可添加弹出信息行为。

2. 删除行为

删除行为的具体操作步骤如下：

01

在文档窗口中选中目标对象。

02

在文档窗口右侧的"行为"面板中将列出该对象上被定义的所有行为。

03

在"行为"面板中选中目标行为。

04

单击"删除事件"按钮，即可删除所选行为。

11.2.2　修改行为

要修改行为所对应的动作，可在"行为"面板中的行为列表中直接双击某个行为所对应的动作名称，在对应的设置对话框中进行设置即可。

修改行为的具体操作步骤如下：

01

单击"文件"|"打开"命令，打开 cpjs 素材文档。

02

单击"窗口"|"行为"命令，打开"行为"面板。

03

在文档窗口中选中目标对象。

04

在"行为"面板中双击动作名称，弹出"弹出信息"对话框。

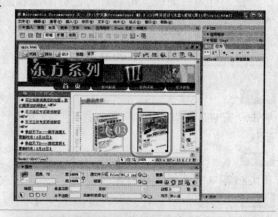

05

在"消息"文本域中输入新的内容，单击"确定"按钮。

06

在"行为"面板中设置行为事件为 onMouseOver。

07

单击"文件"|"保存"命令，保存文档，按【F12】键，预览行为效果。

11.3　标准事件

不同的浏览器支持不同的事件，而 Dreamweaver 8 配备有一套得到主流浏览器承认的事件列表，下面介绍不同浏览器版本所支持的不同的事件类型。

11.3.1　一般事件

一般事件的浏览器支持情况及其含义如下：

一般事件

事件	浏览器支持	含　义
onClick	IE 3.0、NetScape 2.0	单击鼠标左键时触发此事件
onDblClick	IE 4.0、NetScape 4.0	双击鼠标时触发此事件
onMouseDown	IE 4.0、NetScape 4.0	按下鼠标左键时触发此事件
onMouseUp	IE 3.0、NetScape 2.0	单击鼠标左键后释放时触发此事件
onMouseMove	IE 4.0、NetScape 4.0	鼠标指针移动时触发此事件
onMouseOut	IE 4.0、NetScape 3.0	当鼠标指针离开某对象范围时触发此事件
onMouseOver	IE 4.0、NetScape 4.0	当鼠标指针移至某对象范围的上方时触发此事件
onKeyPress	IE 4.0、NetScape 4.0	当键盘上的某个键被按下并且释放时触发此事件
onKeyDown	IE 4.0、NetScape 4.0	当键盘上的某个键被按下时触发
onKeyUp	IE 4.0、NetScape 4.0	当键盘上的某个键被按下释放时触发此事件

11.3.2　表单相关事件

表单相关事件的浏览器支持情况及其含义如下：

表单相关事件

事件	浏览器支持	含　义
onBlur	IE 3.0、NetScape 2.0	当前元素失去焦点时触发此事件
onChange	IE 3.0、NetScape 2.0	当前元素失去焦点并且元素的内容发生改变时，触发此事件
onFocus	IE 3.0、NetScape 2.0	当某个元素获得焦点时触发此事件
onReset	IE 4.0、NetScape 3.0	当表单中 RESET 的属性被激发时触发此事件
onSubmit	IE 3.0、NetScape 2.0	一个表单被提交时触发此事件

11.3.3　页面相关事件

页面相关事件的浏览器支持情况及其含义如下：

页面相关事件

事件	浏览器支持	含　义
onAbort	IE 4.0、NetScape 3.0	图片在过程中被用户中断时触发此事件
onBeforeUnload	IE 4.0、NetScape	当前页面的内容将被改变时触发此事件
onError	IE 4.0、NetScape 3.0	出现错误时触发此事件
onLoad	IE 3.0、NetScape 2.0	载入页面内容完成时触发此事件
onMove	IE 4.0、NetScape 4.0	浏览器的窗口被移动时触发此事件
onResize	IE 4.0、NetScape 2.0	当浏览器的窗口大小被改变时触发此事件
onScroll	IE 4.0、NetScape 4.0	浏览器的滚动条位置发生变化时触发此事件
onStop	IE 5.0、NetScape	浏览器的"停止"按钮被按下或者正在下载的文件被中断时触发此事件
onUnload	IE 3.0、NetScape 2.0	当前页面将被改变时触发此事件

11.3.4　编辑事件

编辑事件的浏览器支持情况及其含义如下：

编辑事件

事件	浏览器支持	含　义
onStart	IE 4.0、NetScape	当 Marquee 元素完成需要显示的内容时触发此事件
onBeforeCopy	IE 5.0、NetScape	当页面当前的被选择内容将要复制到浏览者系统的剪贴板前触发此事件
onBeforeEditFocus	IE 5.0、NetScape	当前元素将要进入编辑状态时触发此事件
onBeforePaste	IE 5.0、NetScape	内容将要从浏览者的系统剪贴板传送"粘贴"到页面中时触发此事件
onBeforeUpdate	IE 5.0、NetScape	当浏览者将粘贴系统剪贴板中的内容时通知目标对象
onContextMenu	IE 5.0、NetScape	当浏览者按鼠标右键出现快捷菜单时，或者通过键盘的按键触发页面菜单时触发此事件
onCopy	IE 5.0、NetScape	当页面当前的被选内容被复制时触发此事件
onCut	IE 3.0、NetScape 2.0	当页面当前的被选内容被剪切时触发此事件
onDrag	IE 5.0、NetScape	当某个对象被拖动时触发此事件
onDragStart	IE 4.0、NetScape	当某个对象将被拖动时触发此事件
onDrop	IE 5.0、NetScape	在一个拖动的过程中，释放鼠标时触发此事件

事件	浏览器支持	含　义
onLoseCapture	IE 5.0、NetScape	当元素失去鼠标移动所形成的选择焦点时触发此事件
onPaste	IE 5.0、NetScape	当文本内容被粘贴时触发此事件
onSelect	IE 4.0、NetScape	当文本内容被选择时触发此事件
onSelectStart	IE 4.0、NetScape	当文本内容的选择将开始发生时触发此事件

11.3.5　数据绑定事件

数据绑定事件的浏览器支持情况及其含义如下：

数据绑定事件

事件	浏览器支持	含　义
onAfterUpdate	IE 4.0、NetScape	当数据完成由数据源到对象的传送时触发此对象
onCellChange	IE 5.0、NetScape	当数据来源发生变化时触发此对象
onDatasetAvailable	IE 4.0、NetScape	当数据接收完成时触发此对象
onDatasetChanged	IE 4.0、NetScape	数据在数据源发生变化时触发此对象
onDatasetComplete	IE4.0、NetScape	当来自数据源的全部有效数据读取完毕时触发此对象
onErrorUpdate	IE 4.0、NetScape	当使用 on Before Unload 事件触发取消数据传送时，代替 on After Update 事件
onRowEnter	IE 5.0、NetScape	当前数据源的数据发生变化并且有新的有效数据时触发此对象
onRowExit	IE 5.0、NetScape	当前数据源的数据要发生变化时触发此对象
onRowsDelete	IE 5.0、NetScape	当前数据记录将被删除时触发此对象
onRowsInserted	IE 5.0、NetScape	当前数据源要插入新数据记录时触发此对象

11.4　标准动作

Dreamweaver 8 内置有许多行为，每一种行为都可以实现一个动态效果，或是实现用户与网页的交互。

11.4.1　调用 JavaScript

"调用 JavaScript" 动作是指当某个事件触发该动作时，将执行相应的 JavaScript 代码，而用户可以编写或是使用 Web 上的代码库免费提供的 JavaScript 代码。

调用 JavaScript 的具体操作步骤如下：

01

单击"文件"|"打开"命令，弹出"打开"对话框。

02

选择 ckcl 素材文档，单击"打开"按钮，打开所选文档。

03

单击"窗口"|"行为"命令，打开"行为"面板。

04

在文档窗口中，选择目标对象。

05

单击"行为"面板上的"添加行为"按钮。

06

在弹出的菜单中选择"调用 JavaScript"选项。

07

弹出"调用 JavaScript"对话框。

08

在 JavaScript 文本框中输入 window.close( )。

09

单击"确定"按钮。

10

单击"文件"|"保存"命令，保存文档。

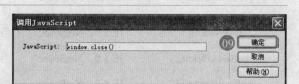

11

按【F12】键，预览效果。至此，即可调用 JavaScript 行为。

在右图中，单击"关闭页面"按钮，则弹出提示信息框，单击"是"按钮，即可关闭当前页面。

11.4.2　检查插件

　　"检查插件"动作用来检查用户的计算机中是否安装了特定的插件，从而决定了将用户带到不同的页面。

　　检查插件的具体操作步骤如下：

01

单击"文件"|"打开"命令，弹出"打开"对话框。

02

选择 xxkj 素材文档。

03

单击"打开"按钮，打开文档。

04

单击"窗口"|"行为"命令，打开"行为"面板。

05

单击"行为"面板中的"添加行为"按钮。

06

在弹出的下拉菜单中选择"检查插件"选项。

07

弹出"检查插件"对话框，单击"如果有，转到 URL"文本框右侧的"浏览"按钮。

08

弹出"选择文件"对话框，选择目标文档，单击"确定"按钮，返回"检查插件"对话框。

09

在"否则，转到 URL"文本框中输入 http://www.163.com。

10

单击"确定"按钮，即可完成检查插件的设置。

11.4.3　拖动层

　　"拖动层"动作允许用户拖动层。使用此动作可创建拼版游戏、滑块控件和其他可移动的界面元素。

　　拖动层的具体操作步骤如下：

01

单击"文件"|"打开"命令，弹出"打开"对话框。

02

选择 xyqc 素材文档。

03

单击"打开"按钮，打开所选文档。

04

单击"窗口"|"行为"命令，打开"行为"面板。

05

选中层 Layer1，单击文档窗口下方状态栏中的〈body〉标签。

06

单击"行为"面板中的"添加行为"按钮。

07

在弹出的菜单中选择"拖动层"选项。

08

弹出"拖动层"对话框。

09

单击"层"下拉列表框右侧的下拉按钮，在弹出的下拉列表中选择"层 Layer1"选项。

10

单击"取得目前位置"按钮，"左"和"上"文本框中将显示该层当前的位置。

11

分别在"左"和"上"文本框中输入 500 和 300。

12

单击"确定"按钮。

13

单击"文件"|"保存"命令，保存网页，然后按【F12】键预览效果，用户可以在网页中拖曳对象。

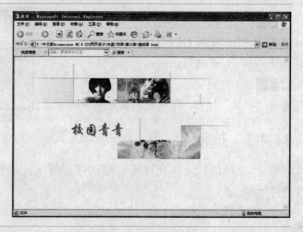

11.4.4　转到 URL

　　"转到 URL"动作可以设置在指定的框架中或在当前窗口中打开一个新页，此操作尤其适用于通过一次单击更改两个或多个框架内容。

　　转到 URL 的具体操作步骤如下：

▶ 01

单击"文件"|"打开"命令，打开 xyqc 素材文档。

▶ 02

选中目标图像。

▶ 03

单击"窗口"|"行为"命令，打开"行为"面板。

▶ 04

单击"行为"面板中的"添加行为"按钮。

▶ 05

在弹出的菜单中选择"转到 URL"选项。

▶ 06

弹出"转到 URL"对话框。

▶ 07

单击"浏览"按钮，弹出"选择文件"对话框。

▶ 08

选择 xyqq 素材文档，单击"确定"按钮，返回"转到 URL"对话框。

▶ 09

单击"确定"按钮，返回文档窗口。

▶ 10

单击"文件"|"保存"命令，保存文档。

▶ 11

按【F12】键，预览效果。至此，完成转到URL 行为的操作。

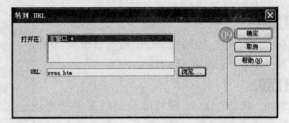

11.4.5　跳转菜单

　　当单击"插入"|"表单"|"跳转菜单"命令创建跳转菜单时，Dreamweaver 8 会创建一个菜单对象，并向其添加一个"跳转菜单"行为。而用户也可以通过"行为"面板编辑或更

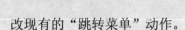

改现有的"跳转菜单"动作。

添加"跳转菜单"行为的具体操作步骤如下：

▶ 01

单击"文件"｜"打开"命令，弹出"打开"对话框。

▶ 02

选择 mtsj 素材文档，单击"打开"按钮，打开文档。

▶ 03

单击"窗口"｜"行为"命令，打开"行为"面板。

▶ 04

在文档窗口中选中菜单元素。

▶ 05

单击"行为"面板中的"添加行为"按钮。

▶ 06

在弹出的下拉菜单中选择"跳转菜单"选项。

▶ 07

弹出"跳转菜单"对话框。

▶ 08

在"文本"文本框中输入"百度"。

▶ 09

在"选择时，转到 URL"文本框中输入网址：http://www.baidu.com。

▶ 10

单击"确定"按钮，即可添加跳转菜单行为。

11.4.6 弹出信息

利用"弹出信息"动作，可以在网页中显示提示信息框。最常见的提示信息框只有一个"确定"按钮，所以使用此动作可以起到显示指定信息的作用，而不能为用户提供选择。

添加"弹出信息"行为的具体操作步骤如下：

▶️ 01

单击"文件"|"打开"命令，弹出"打开"
对话框。

▶️ 02

选择 syxc 素材文档，单击"打开"按钮，打
开所选文档。

▶️ 03

单击"窗口"|"行为"命令，打开"行为"
面板。

▶️ 04

单击"行为"面板中的"添加行为"按钮。

▶️ 05

在弹出的下拉菜单中选择"弹出信息"选项。

▶️ 06

弹出"弹出信息"对话框。

▶️ 07

在"消息"文本框中输入内容。

▶️ 08

单击"确定"按钮，即可添加弹出信息行为。

11.4.7　打开浏览器窗口

使用"打开浏览器窗口"动作，可以在一个新的窗口中打开 URL，并可以指定新窗口
的属性。添加"打开浏览器窗口"行为的具体操作步骤如下：

▶️ 01

单击"文件"|"打开"命令，弹出"打开"
对话框。

▶️ 02

选择 yxjs 素材文档，单击"打开"按钮，打
开所选文档。

▶️ 03

单击"窗口"|"行为"命令，打开"行为"面
板，单击"行为"面板上的"添加行为"按钮。

▶️ 04

在弹出的下拉菜单中选择"显示事件"| IE 6.0
选项。

05

单击"行为"面板上的"添加行为"按钮。

06

在弹出的下拉菜单中选择"打开浏览器窗口"
选项。

07

弹出"打开浏览器窗口"对话框。

08

单击"要显示的 URL"文本框右侧的"浏览"
按钮，弹出"选择文件"对话框。

09

选择目标文档，单击"确定"按钮，返回"打
开浏览器窗口"对话框。

10

在"窗口宽度"和"窗口高度"文本框中分
别输入 350 和 280。

11

选中"导航工具栏"和"地址工具栏"复
选框。

12

单击"确定"按钮，即可添加打开浏览器窗
口行为。

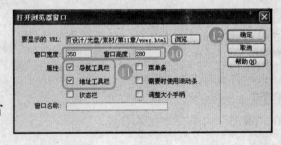

加 油 站

在"打开浏览器窗口"对话框中，主要选项的含义如下：

● 窗口宽度：指定窗口的宽度（以像素为单位）。

● 窗口高度：指定窗口的高度（以像素为单位）。

● 导航工具栏：一组浏览器按钮（包括"后退"、"前进"、"主页"和"重新载入"等）。

● 地址工具栏：一组浏览器选项（包括"地址"文本框）。

● 状态栏：位于浏览器窗口底部的区域，在该区域中显示消息（例如，剩余的载入时间以及与链接关
联的 URL）。

● 菜单条：浏览器窗口上显示的菜单（如"文件"、"编辑"、"查看"和"帮助"等）。如果不设置此选
项，在新窗口中，用户只能关闭或最小化窗口。

● 需要时使用滚动条：指定如果内容超出可视区域则显示滚动条。

● 调整大小手柄：指定用户能够拖动窗口的右下角或单击右上角的最大化按钮，调整窗口的大小。

● 窗口名称：新窗口的名称。

11.4.8　预先载入图像

当一个网页包含很多图像，有些图像在下载时，不能被同时下载，当需要显示这些图像时，浏览器再次向服务器请求继续下载图像，这样会给网页的浏览造成一定程度的延迟。而使用"预先载入图像"动作，就可以把那些始终要显示出来的图像预先载入浏览器的缓冲区内，这样就避免了在下载时出现延迟。

添加"预先载入图像"行为的具体操作步骤如下：

01
单击"文件"|"打开"命令，弹出"打开"
对话框。

02
选择 mtsj 素材文档，单击"打开"按钮，打
开文档。

03
单击"窗口"|"行为"命令，打开"行为"
面板。

04
单击"行为"面板中的"添加行为"按钮。

05
在弹出的下拉菜单中选择"预先载入图像"
选项。

06
弹出"预先载入图像"对话框。

07
单击"图像源文件"文本框右侧的"浏览"按钮。

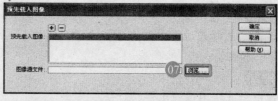

08
弹出"选择图像源文件"对话框。

09
选择目标图像，单击"确定"按钮，返回
"预先载入图像"对话框。

10
单击"确定"按钮，即可添加预先载入图
像行为。

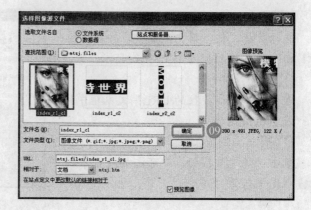

11.4.9　设置导航栏图像

使用"设置导航栏图像"动作，可以将现有的图像变为导航栏中的图像，或更改导航栏

中的图像。

　　添加"设置导航栏图像"行为的具体操作步骤如下：

01
单击"文件"|"打开"命令，弹出"打开"
对话框。

02
选择 ckcl 素材文档，单击"打开"按钮，
打开所选文档。

03
单击"窗口"|"行为"命令，打开"行为"
面板。

04
在文档中的导航栏上选择目标图像。

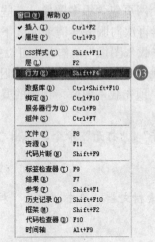

05
在"行为"面板中单击"添加行为"按钮。

06
在弹出的下拉菜单中选择"设置导航栏图
像"选项。

07
弹出"设置导航栏图像"对话框。

08
单击"鼠标经过图像"文本框右侧的"浏
览"按钮。

09
弹出"选择图像源文件"对话框。

10
选择目标文件，单击"确定"按钮，返
回"设置导航栏图像"对话框。

11
在"按下时，前往的 URL"文本框中输
入 ckcl.html。

12
单击"确定"按钮，即可添加设置导航
栏图像行为。

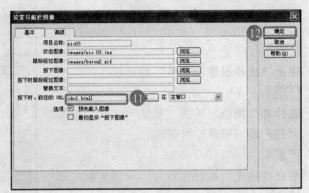

11.4.10　检查表单

　　"检查表单"动作检查指定文本域的内容，以确保用户输入了正确的数据类型。使用
onBlur 事件将此动作分别附加到各文本域，在用户填写表单时对文本域进行检查，或使用

onSubmit 事件将其附加到表单，用户单击"提交"按钮时，可对多个文本域进行检查，将此动作附加到表单可防止表单提交到服务器后任何指定的文本域包含无效的数据。

添加"检查表单"行为的具体操作步骤如下：

01
单击"文件"|"打开"命令，弹出"打开"对话框。

02
选择 yhfk 素材文档，单击"打开"按钮，打开所选文档。

03
单击"窗口"|"行为"命令，打开"行为"面板。

04
单击"行为"面板中的"添加行为"按钮。

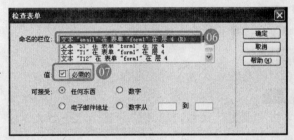

05
在弹出的下拉菜单中选择"检查表单"选项。

06
弹出"检查表单"对话框，在"命名的栏位"列表框中选择目标文本域。

07
选中"必需的"复选框。

08
在"可接受"选项区中选中"电子邮件地址"单选按钮。

09
单击"确定"按钮，完成设置。

10
单击"文件"|"保存"命令，保存文档。

11
按【F12】键，预览添加的检查表单行为。

11.4.11 设置文本

"设置文本"动作包括"设置层文本"、"设置文本域文字"、"设置框架文本"、"设置状态栏文本"，这 4 个动作可以分别为层、文本域、框架、状态栏等对象添加文本信息。下面将介绍为状态栏设置文本的方法。

添加"设置状态栏文本"行为的具体操作步骤如下：

01

单击"文件"|"打开"命令,弹出"打开"对话框。

02

选择 syxc 素材文档,单击"打开"按钮,打开所选文档。

03

单击"窗口"|"行为"命令,打开"行为"面板。

04

单击"行为"面板中的"添加行为"按钮。

05

在弹出的菜单中选择"设置文本"|"设置状态栏文本"选项。

06

弹出"设置状态栏文本"对话框。

07

在"消息"文本域中输入内容。

08

单击"确定"按钮,即可添加显示状态栏文本行为。

11.5 学中练兵——制作弹出式广告

在 Dreamweaver 8 中,行为是最有特色的功能之一,通过行为功能,可以不用编写 JavaScript 代码,便能实现多种动态网页效果。本实例通过制作弹出式广告文档,介绍了使用行为的方法。制作弹出式广告文档的具体操作步骤如下:

01

单击"文件"|"新建"命令,新建一个空白文档。

02

单击"插入"|"媒体"|Flash 命令,弹出"选择文件"对话框,选择目标文件。

03

单击"确定"按钮,弹出"对象标签辅助功能属性"对话框。

04

单击"确定"按钮,插入 Flash 文件。

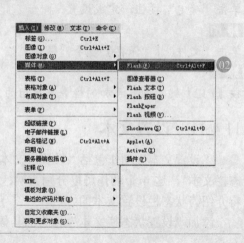

05

选中该文件，在文档窗口中将显示 Flash "属性"
面板。

06

在 "宽" 和 "高" 文本框中分别输入 350 和 300。

07

单击 "修改" | "页面属性" 命令，弹出 "页面属
性" 对话框。

08

在 "分类" 列表框中选择 "外观" 选项。

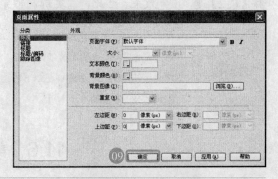

09

设置 "左边距" 和 "上边距" 均为 0 像素，
单击 "确定" 按钮，完成设置。

10

单击 "文件" | "保存" 命令，弹出另存为
对话框。

11

在 "文件名" 下拉列表框中输入文件名，
单击 "保存" 按钮，保存文档。

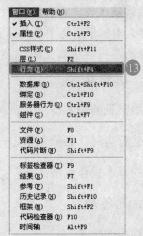

12

单击 "文件" | "打开" 命令，打开 szyl 素材
文档。

13

单击 "窗口" | "行为" 命令，打开 "行为" 面板。

14

单击 "行为" 面板上的 "添加行为" 按钮。

15

在弹出的下拉菜单中选择 "显示事件" | IE 6.0
选项。

16

单击 "行为" 面板上的 "添加行为" 按钮。

17

在弹出的下拉菜单中选择 "打开浏览器窗口"
选项。

18

弹出 "打开浏览器窗口" 对话框。

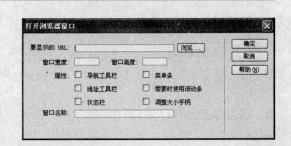

19

单击"要显示的 URL"文本框右侧的"浏览"按
钮，弹出"选择文件"对话框。

20

选择目标文档，单击"确定"按钮，返回"打开
浏览器窗口"对话框。

21

在"窗口宽度"和"窗口高度"文本框中分别输
入 350 和 300，单击"确定"按钮，完成设置。

22

单击"文件"|"保存"命令，保存文档。

23

按【F12】键，预览效果。至此，本实例制作完毕。

在右图中，打开浏览器窗口时，将
弹出广告窗口，如果之前不为该窗
口设置任何属性，该窗口将以 640
像素×480 像素的大小打开。

注意啦

11.6　学后练手

　　本章讲解了设置行为的知识，包括添加行为、删除行为、修改行为、标准事件及标准动
作等内容。本章学后练手是为了让读者更好地掌握和巩固设置行为的知识以及各项操作，请
根据本章所学内容认真完成。

一、填空题

1. 网页中常见的脚本程序主要有两种，一种是微软推出的_____，另一种是_____。

2. 在创建行为时，必须先指定一个_____，然后再指定触发动作的_____。

3. 行为的基本操作包括：_____、_____和编辑行为等。

二、简答题

1. 简述行为的含义。

2. 简述事件的概念。

三、上机题

1. 练习添加弹出信息行为。

2. 练习修改已有行为。

第12章

体验 Dreamweaver CS3 的魅力

学习安排

本章学习时间安排建议:

总体时间为 3 课时,其中分配 2 课时对照书本学习 Dreamweaver CS3 的基础知识和各项操作,分配 1 课时观看 多媒体教程并自行上机进行操作。

学有所成

学完本章,您应能掌握以下技能:

◇ 安装 Dreamweaver CS3 的方法
◇ 启动与退出 Dreamweaver CS3
◇ 了解 Dreamweaver CS3 工作界面的组成
◇ 自定义 Dreamweaver CS3 操作界面
◇ 了解 Dreamweaver CS3 的新增功能

Dreamweaver 是最优秀的网页设计软件之一，其功能强大、使用方便、上手迅速。从诞生之日至今，它已经经历了多次升级改版，目前已经推出了新版本 CS3。本章将带领读者对 Dreamweaver CS3 进行一个初步的了解，通过本章介绍，大家应能掌握 Dreamweaver CS3 的基本操作。

12.1　安装 Dreamweaver CS3

Dreamweaver CS3 对用户的计算机配置提出了比以往版本更高的要求，所以用户在安装 Dreamweaver CS3 之前，首先要了解它对硬件配置的要求。

12.1.1　Dreamweaver CS3 的系统要求

根据 Adobe 公司官方网站公布的数据，安装 Dreamweaver CS3 的系统配置要求如下：

- Intel Pentium 4、Intel Centrino、Intel Xeon 或 Intel Core Duo（或兼容）处理器。
- 1GB 的可用硬盘空间（在安装过程中需要的其他可用空间）。
- 1024×768 分辨率的显示器（带有 16 位视频卡）。
- 多媒体功能需要 Quick Time 7 软件。
- 需要宽带 Internet 连接，以便使用 Adobe Stock Photos*和其他服务。
- Microsoft Windows XP（带有 Sevice Pack2）或 Windows Vista Home Premium、Business、Ultimate 或 Enterprise（已为 32 位版本进行验证）系统。
- 512MB 内存。
- DVD-ROM 驱动器。
- 需要 Internet 或电话连接进行产品激活。

12.1.2　Dreamweaver CS3 的安装

用户在安装 Dreamweaver CS3 时，只要根据安装向导的提示进行操作就可以了。安装 Dreamweaver CS3 的具体操作步骤如下：

01
将 Dreamweaver CS3 安装光盘放入计算机光驱后，系统将自动运行安装程序。

02
进入"安装向导"页面，系统将自动运行系统检查。

03
单击"下一步"按钮。

04
进入"许可协议"页面，单击"接受"按钮。

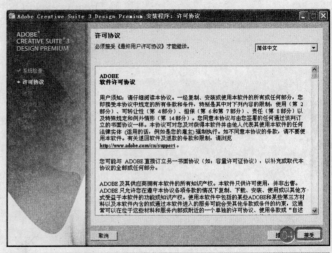

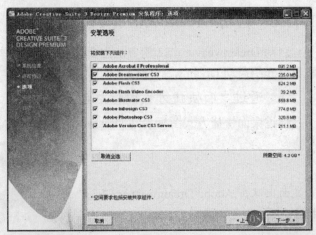

05
进入"安装选项"页面，选中 Adobe Dreamweaver CS3 复选框。

06
单击"下一步"按钮。

07
进入"安装位置"页面，单击"浏览"按钮，选择其他安装路径。

08
单击"下一步"按钮。

09
进入"安装摘要"页面，确认安装信息。

10
单击"安装"按钮。

在"安装摘要"页面中将显示安装的各项设置情况，如需修改可单击"上一步"按钮，返回并更改设置。

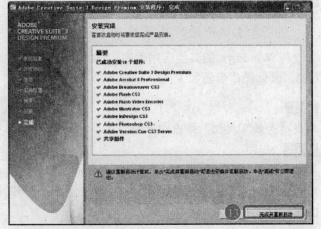

11
进入"安装状态"页面，显示安装进度。

12
程序安装完成后，将进入"安装完成"页面。

13
单击"完成并重新启动"按钮。

14
重新启动计算机后，即可完成 Dreamweaver CS3 的安装。

12.2　启动与退出 Dreamweaver CS3

启动与退出 Dreamweaver CS3 的方法有多种，下面简单介绍启动与退出 Dreamweaver CS3 的方法。

12.2.1　启动 Dreamweaver CS3

启动 Dreamweaver CS3 的方法主要有：通过"开始"菜单和桌面快捷方式图标等，下面将具体介绍启动 Dreamweaver CS3 的方法。

1. 通过桌面快捷方式图标启动 Dreamweaver CS3

通过桌面快捷方式图标启动 Dreamweaver CS3 的具体操作方法如下：

在桌面上双击 Adobe Dreamweaver CS3 快捷方式图标，即可启动 Dreamweaver CS3。

 要想通过桌面快捷方式图标启动 Dreamweaver CS3 需要手动设置桌面快捷方式。

加　油　站

在 Dreamweaver CS3 中，用户可创建快捷方式来启动该应用程序，其方法为：打开安装 Dreamweaver CS3 的目录，找到 Dreamweaver CS3.exe 文件，在其上单击鼠标右键，弹出快捷菜单，选择"创建快捷方式"选项，此时在安装目录中多了一个"快捷方式到 Dreamweaver CS3"文件，将该文件拖动至桌面上，此时在桌面上将显示创建的快捷图标，用户只需双击该图标，即可启动 Dreamweaver CS3。

2. 通过"开始"菜单启动 Dreamweaver CS3

与 Windows 的其他应用程序一样，用户也可以使用"开始"菜单来启动 Dreamweaver CS3，具体操作步骤如下：

▶▶ 01
单击"开始"按钮，弹出"开始"菜单。

▶▶ 02
单击"所有程序"| Adobe Design Premium CS3 | Adobe Dreamweaver CS3 命令，即可启动 Dreamweaver CS3。

将桌面上的 Adobe Design Premium CS3 快捷方式图标拖动至快速启动栏中，用户只需在快速启动栏中单击该快捷方式图标，即可启动 Dreamweaver CS3。

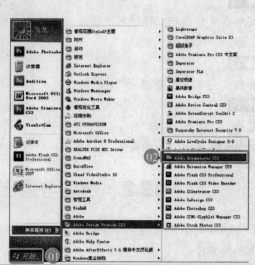

12.2.2　退出 Dreamweaver CS3

退出 Dreamweaver CS3 的常用方法主要有两种，下面分别进行介绍。

1. 通过"关闭"按钮退出 Dreamweaver CS3

通过"关闭"按钮退出 Dreamweaver CS3 的具体步骤如下：

单击"标题栏"右侧的"关闭"按钮 ⊠。

即可退出 Dreamweaver CS3。

如果在关闭 Dreamweaver CS3 时有编辑或修改的文档，且没有对其进行保存操作时，将弹出提示信息框，提示用户是否保存文档。

2. 通过"文件"菜单退出 Dreamweaver CS3

通过"文件"菜单退出 Dreamweaver CS3 的具体操作方法如下：

单击"文件"｜"退出"命令，即可退出 Dreamweaver CS3。

除了单击"文件"｜"退出"命令可退出程序外，按【Ctrl ＋Q】组合键也可以快速退出 Dreamweaver CS3。

12.3　Dreamweaver CS3 界面介绍

　　熟悉使用软件的前提是熟悉它的操作界面，并掌握其功能。Dreamweaver CS3 的操作界面主要由标题栏、菜单栏、"插入"面板、"文档"工具栏、文档窗口状态栏和"属性"面板、面板组、帮助中心和扩展管理器等组成，其中一些功能模块启动时并没有显示在界面中，可通过选择"窗口"菜单中的选项来显示或隐藏某些功能模块。下面分别介绍界面各个部分的功能。

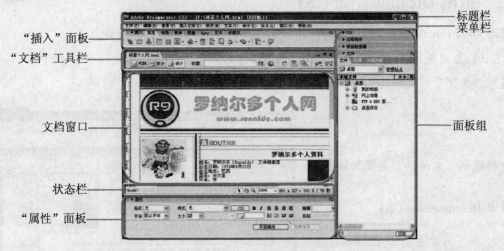

标题栏
菜单栏

"插入"面板
"文档"工具栏

文档窗口

面板组

状态栏

"属性"面板

12.3.1 标题栏

和一般的应用程序一样，Dreamweaver CS3 的标题栏位于工作界面的顶端，标题栏的左方显示了当前使用软件的图标和名称、文件存储位置及文件名，标题栏的右侧是用来控制程序的 3 个按钮，分别是"最小化"按钮■、"最大化"按钮□及"关闭"按钮☒。

```
Adobe Dreamweaver CS3 - [Untitled-1 (XHTML)]
```

12.3.2 菜单栏

在 Dreamweaver CS3 中，菜单栏由文件、编辑、查看、插入记录、修改、文本、命令、站点、窗口和帮助 10 个菜单项组成。打开任意一个菜单项，单击其中的菜单命令，即可执行相应的命令。

```
文件(F) 编辑(E) 查看(V) 插入记录(I) 修改(M) 文本(T) 命令(C) 站点(S) 窗口(W) 帮助(H)
```

在 Dreamweaver CS3 中，各菜单命令的主要功能如下：

> 文件：用于管理文件，如新建、打开、保存文件等。`
> 编辑：用于编辑文本，如剪切、复制、查找、替换及参数设置等。
> 查看：用于切换显示文档的各种视图，并且可以显示或隐藏不同类型页面元素的工具栏。
> 插入记录：用于插入各种对象，如图片、多媒体组件、表格、框架及超链接等。
> 修改：用于更改选定页面元素或项的属性，使用此菜单可以编辑标签属性，更改表格和表格元素，并且可以对库和模板执行不同的操作。
> 文本：用于对文本进行操作，例如，设置文本格式及检查拼写等。
> 命令：提供对各种命令的访问，收集了所有的附加命令项。
> 站点：提供用于管理站点和上传、下载文件的菜单命令。
> 窗口：提供对 Dreamweaver CS3 中所有面板、检查器和窗口的访问。
> 帮助：提供对 Dreamweaver CS3 文档的访问，包括关于使用 Dreamweaver 以及创建 Dreamweaver 扩展功能的帮助系统，还包括语言参考材料。

12.3.3 "插入"面板

"插入"面板位于工作区菜单栏下方,它是 Dreamweaver CS3 操作界面中使用频率最高的部分,由常用、布局、表单、数据、Spry、文本、收藏夹 7 个类别组成。插入面板有菜单和制表符两种显示方式,用户可根据自身习惯进行切换选择。

12.3.4 "文档"工具栏

"文档"工具栏位于"插入"面板下方。"文档"工具栏可以实现文档窗口视图切换、修改文档标题、文件管理、预览文档、视图相关控制及验证相关控制等功能。该工具栏包括"标准"和"样式呈现"两种。默认情况下,"标准"和"样式呈现"两个工具栏并未显示在 Dreamweaver 界面中,如果需要,可通过单击"查看"|"工具栏"菜单命令下的子菜单命令来打开或关闭这两个工具栏。下面将详细介绍"文档"工具栏中各按钮的功能。

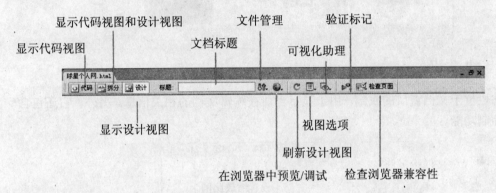

在"文档"工具栏中,主要选项的含义如下:

➢ "代码"按钮🔲:单击该按钮,将切换至"显示代码视图"中。

➢ "拆分"按钮🔳:单击该按钮,将切换至"显示代码视图和设计视图"中。

➢ "设计"按钮🔳:单击该按钮,将切换至"显示设计视图"中。

➢ "标题"文本框:用于显示文档的标题,用户能够通过"标题"文本框对文档的标题进行修改,文档的标题将显示在浏览器的标题栏中。

➢ "检查浏览器兼容性"按钮🔳:单击该按钮,在弹出的菜单中选择需要的选项,可以检查跨浏览器的兼容性。

➢ "验证标记"按钮🔳:单击该按钮,在弹出的菜单中选择需要的选项,可以验证当前的文档或选定的标签。

➢ "文件管理"按钮🔳:单击该按钮,在弹出的菜单中选择需要的选项,可以对文件进行管理。

➢ "在浏览器中预览/调试"按钮🔳:Dreamweaver CS3 允许用户在浏览器中预览和调试文档。单击该按钮,在弹出的菜单中选择"编辑浏览器列表"选项,弹出"首选参数"对话框,在该对话框中可以向菜单中添加浏览器或者更改列出的浏览器。

➢ "刷新设计视图"按钮🔁:用户在文档窗口中的"代码"视图中进行修改后,单击该按钮，将刷新文档的"设计"视图以显示更新的内容。

➤ "视图选项"按钮▣：单击该按钮，在弹出的菜单中选择需要的选项，可以在"代码"视图和"设计"视图模式下进行编辑。

➤ "可视化助理"按钮◉：单击该按钮，在弹出的菜单中选择需要的选项，可以选择使用不同的可视化助理来设计页面。

12.3.5　文档窗口

文档窗口显示当前文档的具体内容，对文档的编辑操作大都在文档窗口中完成。

12.3.6　状态栏

状态栏位于文档窗口的底部，用于显示当前被编辑文档的相关信息。另外，它还包含一些显示控制功能。

在状态栏中，主要选项的含义如下：

➤ 标签选择器：显示环绕当前选定内容的标签层次结构，用户可以通过单击该层次结构中的标签来选择标签及全部内容。

➤ 设置缩放比例：单击右侧的下拉按钮可为文档设置缩放比例。

➤ 窗口大小：显示当前文档窗口的当前尺寸（以像素为单位）。

➤ 文档大小和估计下载时间：显示当前编辑文档的大小和该文档在 Internet 上被完全下载所需的时间，针对不同的下载速率，下载时间当然也不相同。

12.3.7　"属性"面板

"属性"面板位于文档窗口正下方，用于查看和编辑当前选定的页面元素的常用属性。根据选中对象的不同，"属性"面板上所呈现的内容也有所不同。

12.3.8　面板组

　　面板组位于 Dreamweaver CS3 操作界面的右侧，不使用面板组时，可单击面板组与文档之间的"隐藏/显示"按钮来隐藏面板组。Dreamweaver CS3 的面板组由 CSS、应用程序、标签检查器、文件等构成，这些面板是一些相关特定功能的集合。

12.3.9　Dreamweaver CS3 帮助

　　Dreamweaver CS3 相对于其他版本的帮助系统有了较大改进，它的所有帮助内容都被整合到了 Adobe Help Viewer（Adobe 帮助信息阅读器）当中。按【F1】键或者单击"帮助"|"Dreamweaver 帮助"命令，可打开帮助信息窗口。

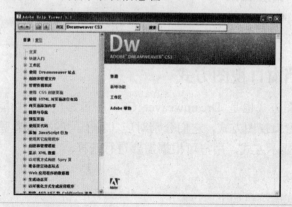

12.4　自定义 Dreamweaver CS3 操作界面

　　Dreamweaver CS3 为用户提供了多项自定义功能，以使其更符合用户的使用习惯。

12.4.1　自定义工作区布局类型

　　对于不同的用户，可能需要不同的软件界面布局以提高工作效率。Dreamweaver CS3 针对不同行业的用户特点，准备了 3 种不同的工作区布局类型，通过单击"窗口"|"工作区布局"子菜单下的命令，可选择不同的布局类型。

　　工作区布局各类型的特点如下：

　　➢　编码器：主要针对 Web 应用程序的开发人员，以代码编写为主。

> ➤ 设计器：主要针对网页设计人员，以页面视觉设计为主。
> ➤ 双重屏幕：兼顾以上两者，软件的各个部分以悬浮方式布局。

12.4.2　自定义收藏夹

"插入"面板的"收藏夹"类别允许用户把最常用的按钮添加到其中，以提高工作效率。自定义收藏夹的具体操作步骤如下：

01
单击"插入记录"|"自定义收藏夹"命令。

02
弹出"自定义收藏夹对象"对话框。

03
在"可用对象"下拉列表框中选择"表格"选项。

04
单击"添加"按钮，将"表格"添加至右侧的"收藏夹对象"列表中。

05
参照以上方法，分别添加"表单"、"绘制层"、"粗体"至"收藏夹对象"列表框中。

06
单击"确定"按钮，即可自定义收藏夹。

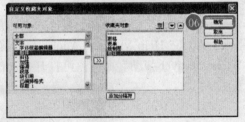

12.4.3　切换文档窗口视图方式

切换文档窗口视图方式也是 Dreamweaver CS3 中最常使用的功能之一，Dreamweaver CS3 提供了 3 种文档窗口视图方式，它们分别对应 3 种不同的工作类型，即设计视图、代码视图和代码/设计视图显示方式，用户可根据需要进行选择。

1. 设计视图

设计视图显示方式的特点如下：

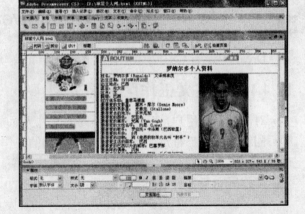

设计视图是一种所见即所得的视图方式，所有网页对象都以图形化方式呈现，进行页面设计时，常采用这种显示方式。

2. 代码视图

代码视图显示方式的特点如下：

代码视图是纯文本的视图方式，文档窗口全部以文本显示，并显示行号，编写网页或程序代码时，常采用这种显示方式。

3. 代码/视图显示方式

代码/设计视图显示方式的特点如下：

在代码/设计视图中，文档窗口被平分为上下两部分，上部分以代码视图呈现，下部分以设计视图呈现，无论在哪部分作了修改，另一部分都将发生相应的变化。代码/设计视图是前两种视图方式的折中，适合需要同时设计和修改代码的情况。

12.4.4　自定义文档显示方式

自定义文档显示方式主要是指文档是否以最大化方式显示。在最大化显示状态，多个文档之间通过文档窗口顶部的选项卡进行切换，文档显示区域最大化显示；在非最大化显示状态，多个文档以独立窗口的方式呈现。非最大化状态下可以完成一些最大化状态下无法实现的功能，如以拖曳方式设置文档之间的超链接。

在非最大化状态下，可以通过单击"窗口"菜单下的"层叠"、"水平平铺"、"垂直平铺"等菜单命令来实现多个文档窗口的重新排列。

12.5　Dreamweaver CS3 新增功能

Dreamweaver CS3 版本不仅在动态网站建设的功能上较之前版本作出了很大的改进，在静态网页设计方面，Dreamweaver CS3 也作出了相当大的调整，包括 CSS 布局、管理 CSS Ajax 的 Spry 框架、高级 Photoshop CS3 集成、浏览器兼容性检查等，下面将分别介绍这些功能。

12.5.1　Ajax 的 Spry 框架

Spry 框架是一个 JavaScript 库，Web 设计人员使用它可以构建能够向站点访问者提供更丰富的 Web 页体验。有了 Spry，就可以使用 HTML、CSS 和极少量的 JavaScript 将 XML 数据合并到 HTML 文档中，创建构件（如折叠构件和菜单栏），向各种页面元素中添加不同种类的效果。在设计上，Spry 框架的标记非常简单且便于那些具有 HTML、CSS 和 JavaScript 基础知识的用户使用。

Spry 框架主要面向专业 Web 设计人员或高级非专业 Web 设计人员。它不应当用作企业级 Web 开发的完整 Web 应用框架（尽管它可以与其他企业级页面一起使用）。

Spry 框架支持一组用标准 HTML、CSS 和 JavaScript 编写的可重用构件。用户可以方便地插入这些构件（采用最简单的 HTML 和 CSS 代码），然后设置构件的样式。框架行为包括允许用户执行下列操作的功能：显示或隐藏页面上的内容、更改页面的外观（如颜色）、与菜单项交互等。

Spry 框架中的每个构件都与唯一的 CSS 和 JavaScript 文件相关联。CSS 文件中包含设置构件样式所需的全部信息，而 JavaScript 文件则赋予构件功能。当用户使用 Dreamweaver 界面插入构件时，Dreamweaver 会自动将这些文件链接到用户的页面，以便构件中包含该页面的功能和样式。

与给定构件相关联的 CSS 和 JavaScript 文件根据该构件命名。因此，用户很容易判断哪些文件对应于哪些构件（例如，与折叠构件关联的文件称为 SpryAccordion.CSS 和 SpryAccordion.js）。当用户在已保存的页面中插入构件时，Dreamweaver 会在用户的站点中创建一个 SpryAssets 目录，并将相应的 JavaScript 和 CSS 文件保存到其中。

12.5.2　Spry 构件

Spry 构件是一个页面元素，通过启用用户交互来提供更丰富的用户体验。Spry 构件由以下几部分组成：

- ➢ 构件结构：用于定义构件结构组成的 HTML 代码块。
- ➢ 构件行为：用于控制构件如何响应用户启动事件的 JavaScript。
- ➢ 构件样式：用于指定构件外观的 CSS。

12.5.3　Spry 效果

Spry 效果基于视觉增强功能，可以将它们应用于使用 JavaScript 的 HTML 页面上几乎所有的元素。该效果通常用于在一段时间内高亮显示信息，创建动画过渡或者以可视方式修改页面元素，用户可以将该效果直接应用于 HTML 元素，而无需其他自定义标签。

添加 Spry 效果可以修改元素的不透明度、缩放比例、位置和样式属性（如背景颜色）。可以组合两个或多个属性来创建有趣的视觉效果。由于这些效果都源于 Spry，因此，当用户单击应用了效果的对象时，只有对象会进行动态更新，不会刷新整个 HTML 页面。

添加 Spry 效果的具体操作步骤如下：

01
单击 "文件" | "打开" 命令, 弹出 "打开"
对话框。

02
选择 cshb 素材文档, 单击 "打开" 按钮, 打
开文档。

03
单击 "窗口" | "行为" 命令, 打开 "行为"
面板。

04
在文档窗口中选中目标图像。

05
单击 "行为" 面板中的 "添加行为" 按钮。

06
在弹出的菜单中选择 "效果" | "显示/渐隐"
选项。

07
弹出 "显示/渐隐" 对话框。

08
选中 "切换效果" 复选框, 单击 "确定" 按
钮, 即可添加 Spry 效果。

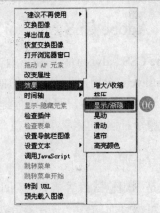

12.5.4　高级 Photoshop CS3 集成

　　Dreamweaver 包括了与 Photoshop CS3 增强的集成功能, 设计人员可以在 Photoshop 中选择设计的任意一部分 (甚至可以跨多个层), 然后将其直接粘贴到 Dreamweaver 页面中。Dreamweaver 会显示一个对话框, 可在其中为图像指定优化选项。如果需要编辑图像, 可在 Photoshop 中打开原始的带图层的 PSD 文件进行编辑, 将这些图像文件优化为可用于 Web 的图像 (如 GIF、JPEG 或 PNG 格式)。此外, 还可以在 Dreamweaver 中将多层或多切片 Photoshop 图像整体或部分粘贴到 Web 页上。

12.5.5　浏览器兼容性检查

　　"浏览器兼容性检查 (BCC)" 功能可以帮助用户定位在某些浏览器中有问题的 HTML 和 CSS 组合。当用户在打开的文件中运行 BCC 时, Dreamweaver 会先扫描文件, 并在 "结果" 面板中报告所有潜在的 CSS 问题。信任评级由四分之一、二分之一、四分之三或完全填充的圆表示, 指示了错误发生的可能性 (四分之一填充的圆表示可能发生, 完全填充的圆表示非常可能发生)。对于它找到的每个潜在的错误, Dreamweaver 还提供了指向有关 Adobe CSS Advisor 错误文档的直接链接、详述已知浏览器呈现错误的 Web 站点以及修复错误的解决方案。

　　默认情况下, BCC 功能对下列浏览器进行检查: Firefox 1.5、Internet Explorer (Windows)

6.0 和 7.0、Internet Explorer（Macintosh）5.2、Netscape Navigator 8.0、Opera 8.0 和 9.0 以及 Safari 2.0。

此功能取代了以前的"目标浏览器检查"功能，但是保留该功能中的 CSS 功能部分。也就是说，新的 BCC 功能仍然测试文档中的代码，以查看是否有目标浏览器不支持的任何 CSS 属性或值。

可能产生 3 个级别的潜在浏览器支持问题：

➢ 错误表示 CSS 代码可能在特定浏览器中导致严重的、可见的问题。例如，导致页面的某些部分消失（错误默认情况下表示存在浏览器支持问题，因此在某些情况下，具有未知作用的代码也会被标记为错误）。

➢ 警告表示一段 CSS 代码在特定浏览器中不受支持，但不会导致任何严重的显示问题。

➢ 告知性信息表示代码在特定浏览器中不受支持，但是没有可见的影响。

12.5.6　Adobe CSS Advisor

Adobe CSS Advisor 网站包含有关最新 CSS 问题的信息，在浏览器兼容性检查过程中可通过 Dreamweaver 用户界面直接访问该网站。CSS Advisor 不止是一个论坛、一个 wiki 页面或一个讨论组，它使用户可以方便地为现有内容提供建议和改进意见，或者方便地添加新的问题以使整个社区都能够从中受益。

12.5.7　CSS 布局

CSS 是一组格式设置规则，用于控制 Web 页内容的外观。通过使用 CSS 样式设置页面的格式，可将页面的内容与表示形式分离开。页面内容（即 HTML 代码）存放在 HTML 文件中，而用于定义代码表示形式的 CSS 规则存放在另一个文件（外部样式表）或 HTML 文档的另一部分（通常为文件头部分）中。将内容与表示形式分离可使得从一个位置集中维护站点的外观变得更加容易。当使用 Dreamweaver 创建新页面时，可以创建一个已包含 CSS 布局的页面。Dreamweaver 附带了 30 多个可供用户选择的不同 CSS 布局。另外，用户也可以自定义 CSS 布局，并将它们添加到配置文件夹中，以便在"新建文档"对话框中显示为布局选项。

创建 CSS 布局页面的具体操作步骤如下：

➤➤01
单击"文件"|"新建"命令，弹出"新建文档"对话框。

➤➤02
选择"空白页"选项，在"布局"下拉列表框中选择"1 列固定，居中，标题和脚注"选项。

➤➤03
单击"创建"按钮。

04

在文档窗口中，分别将"标题"和"主要内容"更改为"飞龙计算机图书"和"视频教程"。

05

将插入点定位于文档中的目标位置，并选中要替换的文本。

06

打开素材文档"视频简介.txt"，复制文档中的所有内容，然后粘贴即可替换文本。

07

将插入点定位于文档中的目标位置，选中要替换的文本。

08

打开素材文档"版权.txt"，复制文档中的所有内容，然后粘贴替换文本，并设置文本"居中对齐"，即可利用 CSS 布局页面。

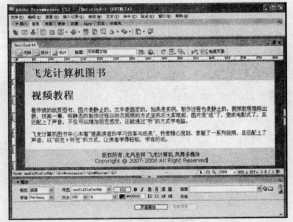

12.5.8　管理 CSS

借助管理 CSS 功能，可以轻松地在文档之间、文档标题与外部表之间、外部 CSS 文件之间以及更多位置之间移动 CSS 规则。此外，还可以将内联 CSS 转换为 CSS 规则，并且只需通过拖放操作即可将它们放置在所需位置。

管理 CSS 的具体操作步骤如下：

01

单击"文件"|"打开"命令，打开 xyfc 素材文档。

02

单击"窗口"|"CSS 样式"命令，打开"CSS 样式"面板。

03

在"CSS 样式"面板中选择目标样式。

04

单击"CSS 样式"面板右上角的菜单按钮。

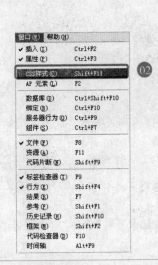

05

在弹出的下拉菜单中选择"移动
CSS 规则"选项。

06

弹出"移至外部样式表"对话框。

07

单击"浏览"按钮。

08

弹出"选择样式表文件"对话框。

09

选择目标文件，单击"确定"按钮，
返回"移至外部样式表"对话框。

10

单击"确定"按钮，返回文档窗口。

11

单击"文件"｜"保存"命令，保存文
档，即移动了 CSS 样式。

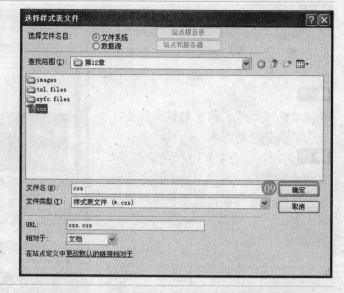

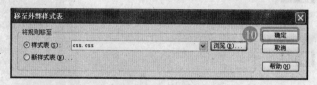

12.6　学中练兵——制作同学录

电子相册是目前网络上非常流行的一种多媒体应用，利用 Dreamweaver CS3 中的"图像
查看器"功能，可以很方便地制作出具有丰富切换效果的电子相册并进而制作出同学录文档。

本实例将通过制作同学录文档，介绍插入及设置"图像查看器"的方法。制作同学录文
档的具体操作步骤如下：

01

单击"文件"｜"打开"命令，弹出"打
开"对话框。

02

选择 txl 素材文档，单击"打开"按钮，
打开该文档。

03

将插入点定位于文档窗口的目标位置。

04

单击"插入记录"｜"媒体"｜"图像查
看器"命令。

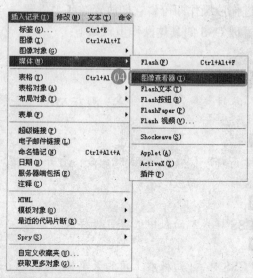

05

弹出"保存 Flash 元素"对话框,在"文件名"下拉列表框中输入 photo。

06

单击"保存"按钮,返回文档窗口。

07

在"Flash 元素"面板中选中 imageURLs 项右侧的参数值。

08

在 imageURLs 项右侧的参数值后将显示"编辑数组值"按钮。

09

单击该按钮,弹出"编辑 'imageURLs' 数组"对话框。

10

在"值"列中选择第 1 项。

11

单击"浏览"按钮,弹出"选择文件"对话框。

12

选择 pic1 素材图像,单击"确定"按钮。

13

参照上述方法,分别将第 2 项和第 3 项素材图像设置为 pic2、pic3。

14

单击"确定"按钮,返回文档窗口。

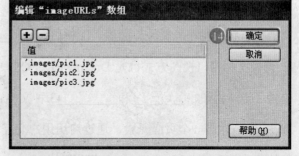

15

在"Flash 元素"面板中选择 slideAutoPlay 项后面的参数,参数后将显示下拉按钮。

16

单击下拉按钮,在弹出的下拉列表中选择"是"选项。

17

单击 slideLoop 项后面的参数,参数后将显示下拉按钮。

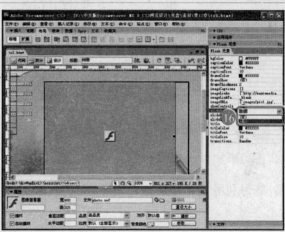

▶18
单击该下拉按钮，在弹出的下拉列表中选择"是"选项。

▶19
单击"文件"｜"保存"命令，保存文档。

▶20
按【F12】键预览效果，如右图所示。至此，本实例制作完毕。

12.7　学后练手

　　本章讲解了 Dreamweaver CS3 的基础知识，主要包括安装、启动和退出 Dreamweaver CS3 的方法，介绍 Dreamweaver CS3 的界面、自定义操作界面的方法和 Dreamweaver CS3 的新增功能等。本章学后练手是为了让读者更好地掌握和巩固 Dreamweaver CS3 的基础知识与操作，请根据本章所学内容认真完成。

　　一、填空题

1. Dreamweaver CS3 的操作界面主要由标题栏、菜单栏、"插入"面板、"文档"工具栏、文档窗口状态栏和"属性"面板、面板组、_____和_____等组成。

2. 切换文档窗口视图方式也是 Dreamweaver CS3 中最常使用的功能之一，Dreamweaver CS3 提供了设计视图、_____和_____3 种文档窗口视图显示方式。

3. Spry 构件是一个页面元素，通过启用用户交互来提供更丰富的用户体验。Spry 构件由构件结构、_____和_____3 部分组成。

　　二、简答题

1. 简述 Spry 框架的含义。

2. 简述 Spry 效果概念。

　　三、上机题

1. 练习添加 Spry 效果。

2. 练习利用 CSS 布局。

附录 习题答案

第 1 章

一、填空题

1. "文档"工具栏 "属性"面板
2. 静态网页 动态网页
3. 整体策划 制作页面文档

二、简答题（略）

三、上机题（略）

第 2 章

一、填空题

1. XML
2. "保存全部" "另存为模板"
3. ASP.NET PHP

二、简答题（略）

三、上机题（略）

第 3 章

一、填空题

1. 段落
2. 【Enter】 ⟨br⟩
3. ⟨nobr⟩ ⟨wbr⟩

二、简答题（略）

三、上机题（略）

第 4 章

一、填空题

1. GIF JPEG PNG

2. 初始图像 替换图像
3. 设置背景颜色 设置背景图像

二、简答题（略）

三、上机题（略）

第 5 章

一、填空题

1. "逗号" "冒号"
2. 【Ctrl＋Shift＋M】【Ctrl＋Shift＋－】
3. 布局表格 布局单元格

二、简答题（略）

三、上机题（略）

第 6 章

一、填空题

1. 格式 结构
2. 外部链接样式表 内部嵌入样式表
3. 类型 定位

二、简答题（略）

三、上机题（略）

第 7 章

一、填空题

1. 拖曳鼠标
2. 父层 子层
3. 显示 隐藏

二、简答题（略）

三、上机题（略）

第 8 章

一、填空题

1. 框架集
2. 框架集文档　各框架页文档
3. 检查　编辑

二、简答题（略）

三、上机题（略）

第 9 章

一、填空题

1. 空白 HTML 文档 现有的 HTML 文档
2. Templates　dwt
3. Library　Ibi

二、简答题（略）

三、上机题（略）

第 10 章

一、填空题

1. 下拉列表框　表单按钮

2. 多行文本区域
3. 列表　菜单

二、简答题（略）

三、上机题（略）

第 11 章

一、填空题

1. VBScript　JavaScript
2. 动作　事件
3. 添加　删除

二、简答题（略）

三、上机题（略）

第 12 章

一、填空题

1. 帮助中心　扩展管理器
2. 代码视图　代码/设计视图
3. 构件行为　构件样式

二、简答题（略）

三、上机题（略）

卓越精品电脑图书

- ◆ 传承卓越精品理念，奉献一流精品图书
- ◆ 倡导"实用为主，精品至上"的出版思想
- ◆ 著精品图书，育一代英才

新手视听轻松学系列

"新手视听轻松学"系列丛书通过最热门的电脑软件，以各软件最常用的版本为工具，讲解软件最核心的知识点，让读者掌握最实用的内容。

定价：26.80元

定价：26.80元

定价：26.80元

定价：25.00元

定价：25.80元

定价：25.00元

定价：26.80元

定价：23.80元

ISBN 978-7-5427-1813-6

总策划：崔亚海
责任编辑：徐丽萍
封面设计：王娟

卓越文化
UNIQUE ZHUOYUE WENHUA

9787542718136

定价：23.80元（附赠多媒体教学光盘1张）